李书梅 姜振 等编著

玩转 Windows 8

图书在版编目（CIP）数据

玩转 Windows 8 / 李书梅等编著 . —北京：机械工业出版社，2013.7

ISBN 978-7-111-42926-5

Ⅰ. 玩…　Ⅱ. 李…　Ⅲ. Windows 操作系统　Ⅳ. TP316.7

中国版本图书馆 CIP 数据核字（2013）第 129619 号

本书专为 Windows 8 用户而编写，深入地讲解了 Windows 8 操作系统的使用方法，供广大用户在使用 Windows 8 的过程中参考，以便能够更加快捷地体验 Windows 8 的精彩世界。

全书分为 12 章，主要介绍了认识及安装 Windows 8 操作系统、Windows 8 基础与常规操作、打造个性化 Windows 8、Windows 8 文件和文件夹管理、输入法的使用及文本的输入、Windows 8 软件管理、Windows 8 硬件管理、Windows 8 多媒体功能、Windows 8 的“开始”屏幕——Metro 界面的具体介绍、在 Windows 8 上遨游 Internet、计算机网络基础、Windows 8 系统优化等内容。

本书适合 Windows 8 操作系统用户或相关行业技术人员使用，也可作为大中专院校相关专业的教材及各相关培训机构的指导用书。

机械工业出版社（北京市西城区百万庄大街 22 号　　邮政编码　100037）

责任编辑：高婧雅

中国电影出版社印刷厂印刷

2013 年 7 月第 1 版第 1 次印刷

147mm × 210mm • 8 印张

标准书号：ISBN 978-7-111-42926-5

定　　价：49.00 元

凡购本书，如有缺页、倒页、脱页，由本社发行部调换

客服热线：（010）88378991　88361066　　投稿热线：（010）88379604

购书热线：（010）68326294　88379649　68995259　　读者信箱：hzjsj@hzbook.com

前　言

Windows 8 是美国微软公司自 Windows 7 操作系统推出以来最新发布的一款 Windows 系列计算机操作系统，它继承了 Windows 系列的成功基础，又加强了对硬件的支持、系统内核的优化，加上全新的界面，给用户耳目一新的感觉，这也使得 Windows 8 系统成为具有革命性变化的操作系统。

Windows 8 系统与以往版本相比，新增了许多功能，如全新的“开始”屏幕、Metro 风格的用户界面、Internet Explorer 10 浏览器、内置的 Windows 应用商店等。这些新功能的加入，旨在让人们的日常电脑操作更加简单和快捷，为人们提供高效、易行的工作环境。

本书分为 12 章。第 1 章讲解了 Windows 8 操作系统的基本知识及安装 Windows 8 的方法，带领用户快速进入 Windows 8 的世界；第 2 章介绍了 Windows 8 的基础与常规操作，使用户能够对 Windows 8 系统进行基本操作；第 3 章介绍了打造个性化 Windows 8 的方法，用户可以根据爱好对自己的 Windows 8 系统进行个性化设置；第 4 章讲解了如何在 Windows 8 系统中对文件和文件夹进行管理；第 5 章介绍了输入法的设置及文本输入的方法；第 6 章和第 7 章分别讲述了 Windows 8 硬件和软件的知识；第 8 章介绍了 Windows 8 的多媒体功能，教会用户如何看电影、听音乐等；第 9 章介绍了 Windows 8 系统与以往系统版本不同的全新 Metro 界面的“开始”屏幕；第 10 章讲述了在 Windows 8 系统下进行网上冲浪的具体方法；第 11 章介绍了计算机网络的相关知识；第 12 章介绍了对 Windows 8 系统进行维护、优化的基本方法。

本书内容全面、讲解细致、图文并茂，适合 Windows 8 系统初级用户或相关行业技术人员使用，同时可作为大中专院校相关专业的教材及各相关培训机构的指导用书。

由于时间仓促，加之作者水平有限，书中难免出现疏漏和不足之处，还望广大读者批评指正。

编者

2013 年 6 月

目　录

1

认识及安装 Windows 8 操作系统

Window 8 是 Windows 最新一代的操作系统，也是 Microsoft 公司推出的具有革命性变化的操作系统。

Windows 8 系统最巨大的变革是其焕然一新的操作界面，相信 Windows 8 系统仍然是用户所信赖的 Windows 系统。

Microsoft®

Windows 8 系统图标　　美国 Microsoft 公司的标志

焕然一新的操作界面

1.1 Windows 8 操作系统简介

Windows 8 是微软（Microsoft）公司于北京时间 2012 年 10 月 25 日 23 点 15 分推出的最新 Windows 系列系统。

随着触控式操作的流行与平板电脑的广泛应用，加之苹果公司开发的 iOS 操作系统和谷歌开发的 Android 操作系统的步步紧逼，微软迫切需要发布一款打破常规的 Windows 系统。因此，Windows 8 诞生了。

作为微软最新发布的一款产品，Windows 8 带来了哪些巨大的改变呢？下面来简单介绍一下。

1.1.1 初识 Windows 8

Windows 8 是美国微软公司自 Windows 7 操作系统推出以来

最新发布的一款 Windows 系列计算机操作系统。它基于 Windows 系列的成功基础，又加强了对硬件的支持、系统内核的优化，加上全新的界面，给用户耳目一新的感觉。图 1-1 与图 1-2 分别为 Windows 7 和 Windows 8 的桌面。

图 1-1　Windows 7 的桌面

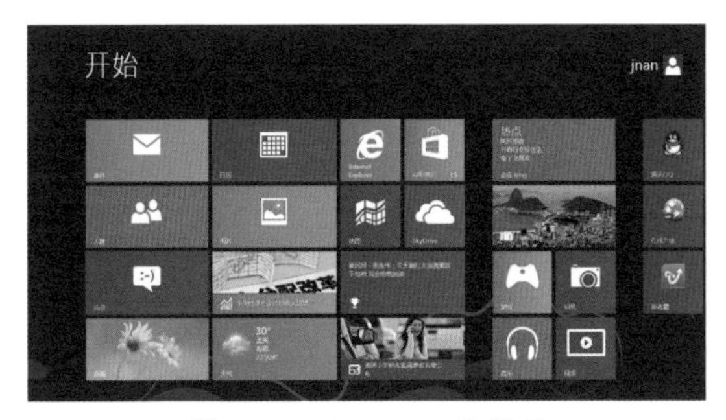

图 1-2　Windows 8 的桌面

Windows 8 除了拥有最新的 Metro 风格的开始屏幕外，还保留了老用户所熟知的桌面，之前 Windows 系统的桌面可理解为在 Windows 8 中运行的众多应用之一。Windows 8 保留了之前 Windows 系统中的一些常用设置，以确保之前的用户软件正常运行。与之前的 Windows 系列操作系统相比，Windows 8 操作系统拥有更高的安全性和稳定性，之前 Windows 系列系统中的所有出众特性在 Windows 8 中均有展现。

Windows 8 操作系统和之前微软公司开发的所有操作系统最大的不同就在于，其专门针对平板电脑和触摸屏进行了优化，让用户在平板电脑中也可以非常轻松地使用 Windows 8 操作系统。

1.1.2 Windows 8 的版本

为了带给用户更好的实用性，和之前的 Windows 操作系统一样，Windows 8 操作系统也进行了多版本的划分。无论是普通个人用户、计算机技术人员还是企业，Windows 8 操作系统都能完美地提供所需的功能。微软公司将 Windows 8 按功能的不同划分为 Windows RT、Windows 8 标准版、Windows 8 Pro 专业版、Windows 8 Enterprise 企业版 4 个版本。其中，Windows RT 是专门为采用 ARM 处理器的平板电脑所设计的版本，其他 3 个版本均为桌面 PC 版。

1. Windows RT

该系统专注于 ARM 平台，不会单独零售，仅采用预装的方式发行。Windows RT 的画面与操作方式变化极大，采用全新的 Metro（新 Windows UI）风格的用户界面，各种应用程序、快捷方式等能以动态方块的样式呈现在屏幕上，用户可自行将常用的浏览器、社交网络、游戏、操作界面融入。Windows RT 中将包含针对触摸操作进行优化的微软 Word、Excel、PowerPoint 和 OneNote 的桌面版，但与旧版 Windows 应用不兼容，可通过 Windows RT 开发环境为其创建 Metro 应用。Windows RT 版本界面如图 1-3 所示。

图 1-3 Windows RT 版本界面

2. Windows 8 标准版

对一般用户而言，这个版本是 Windows 8 版本中最好的选择。该版本具有 Windows 8 操作系统的所有基本功能，是 Windows 8 的一个最基本的版本，与其对应的是 Windows 7 的入门版（Starter）、家庭基础版（Home Basic）以及家庭高级版（Home Premium），提供一般家庭用户所需的全部功能。

3. Windows 8 Pro 专业版

Windows 8 Pro 专业版是面向计算机技术爱好者及企业 / 计算机技术人员的一个专业性比较强的 Windows 8 版本。该版本内置了一系列的 Windows 8 增强技术，包括加密、虚拟化、PC 管理和域名连接等。相对于标准版，该版本增加了 Bitlocker、AppLocker、Hyper-V、组策略、远程桌面等高级功能，适合技术爱好者和企业 / 技术人员使用。专业版是唯一一个可以通过购买序列号来升级并打开 MediaCenter 功能的版本。

4. Windows 8 Enterprise 企业版

Windows 8 Enterprise 企业版是一个旨在企业内部推广并使用的版本。这个版本的专业功能更多，几乎包含了 Windows 8 Pro 专业版的所有功能，同时为了满足企业用户的需求，还添加了 Windows To Go、DirectAccess、分支缓存（BranchCache）、使用 RemoteFX 提供视觉特效等功能。

PC 版 Windows 8 操作系统界面如图 1-4 所示。

图 1-4　PC 版 Windows 8 操作系统界面

Windows 8 各个版本（Windows RT 除外）的功能详细信息如表 1-1 所示。

表 1-1 Windows 8 各版本的功能详细列表

功能特性	Windows 8 标准版	Windows 8 Pro	Windows 8 Enterprise
与现有 Windows 兼容	有	有	有
安全启动	有	有	有
增强的多显示屏支持	有	有	有
移动通信功能	有	有	有
SmartScreen	有	有	有
Exchange Active Sync	有	有	有
随系统预装的 Microsoft Office	无	无	无
快速睡眠（Snap）	有	有	有
VPN 连接	有	有	有
开始界面、动态磁帖效果	有	有	有
触摸键盘、拇指键盘	有	有	有
更新的资源管理器	有	有	有
Windows Update	有	有	有
文件历史	有	有	有
系统的重置功能	有	有	有
“播放至”功能（Play to）	有	有	有
保持网络连接的待机（Connectedstandby）	有	有	有
Hyper-V	无	只支持 64 位版本	
设备加密	无	无	无
BitLocker 和 BitLocker To Go	无	有	有
文件系统加密	无	有	有
加入 Windows 组	无	有	有
Device encryption	无	无	无

（续）

功能特性	Windows 8 标准版	Windows 8 Pro	Windows 8 Enterprise
桌面	有	有	有
储存空间管理（storage space）	有	有	有
Windows Media Player	有	有	有
Windows Media Center	无	需另行添加	无
远程桌面	客户端	客户端和服务端	客户端和服务端
从 VHD 启动	无	有	有
分支缓存（Branch Cache）	无	无	有
Metro 风格程序的部署	无	无	有
AppLocker	无	有	有
Windows Defender	有	有	有
新的任务管理器	有	有	有
ISO 镜像和 VHD 挂载	有	有	有
Microsoft 账户	有	有	有
购买渠道	大部分渠道	大部分渠道	经过认证的客户
架构	IA-32（32 位）或 86-64（64 位）	IA-32（32 位）或 86-64（64 位）	IA-32（32 位）或 86-64（64 位）
语言包	有	有	有
标准程序 [a]	有	有	有
Internet Explorer 10	有	有	有
Windows 商店	有	有	有
Xbox Live 程序（包括 Xbox Live Arcade）	有	有	有

1.2　Windows 8 的新增与升级功能

微软公司每发布一款新的操作系统都会为用户推出新的功能或

特性，Windows 8 操作系统也不例外。这款操作系统在设计之初便是为了应对日益发展的 iOS 系统平板电脑（iPad）和 Android 系统平板电脑对微软带来的严峻考验，所以，在 Windows 8 操作系统的新增功能中，用户可非常明显地看到微软公司对操作系统在平板电脑上的运行进行了特别的优化和设计。同时，微软公司对提升操作系统的性能和娱乐性也做出了一定的努力。

1.2.1 支持 ARM 架构

ARM（Advanced RISC Machine 或 Acorn RISC Machine，进阶精简指令集机器）架构是一个 32 位元精简指令集（RISC）中央处理器（Processor）架构，其广泛地应用在许多嵌入式系统中。它的优点是节能、高效、低成本，符合移动通信领域的特性。ARM 构架广泛应用在移动通信领域和手持设备领域，如便携式设备、计算机周边产品、工业电子仪器甚至是军用设备当中。图 1-5 所示为 ARM 架构应用于 Windows 8 平板电脑中。

图 1-5 ARM 架构应用于 Windows 8 平板电脑中

微软公司此前推出的操作系统始终是基于 X86 平台的。X86 在 Intel 8086 中央处理器中首度出现，它是从 Intel 8008 处理器发展而来的，现在，X86 成为个人计算机（PC）的标准平台。随着时代的进步，以及智能设备的兴起，越来越需要小型低功耗的系统，所以 ARM 平台的优势开始显现。由此，微软公司推出了新一代操作系统——Windows 8。Windows 8 还支持来自英伟达、高通和德州仪器等合作伙伴的 ARM 系统结构，显示了 Windows 8 对更多平台的支持，具有更大的灵活性和弹性。基于 ARM 结构的 Windows 8 操作系统可以给小型设备更长久的续航能力，并有更便宜的价格。因此，微软的 Windows 8 操作系统依旧是充分开放的且不妥协的优秀系统。

1.2.2　支持 USB 3.0 标准

USB 3.0 是个人计算机上的标准接口。USB 3.0 标准是由 Intel、微软、惠普、德州仪器、NEC、ST-NXP 等计算机领域的全球性公司制定的一种新的 USB 规范。它是 USB 2.0 标准的发展。USB 2.0 的带宽为 480Mbit/s，而 USB 3.0 提供的连接带宽是 USB 2.0 的十几倍，这意味着 3.3s 就可以转移 1GB 的数据量。

近来，这种标准正广泛应用于 PC 外围设备和消费电子产品中。微软预测到 2015 年，所有的 PC 都会配备 USB 3.0 接口。

Windows 8 操作系统在设计之初就正式对这种全新的 USB 标准给予了正式的支持，也就是说，只要用户的计算机主板上提供了 USB 3.0 的 USB 接口，用户便可以在 Windows 8 操作系统中享受更加高效、快速的移动存储体验。

USB 3.0 连接线如图 1-6 所示。

图 1-6　USB 3.0 连接线

1.2.3　支持虚拟光驱或虚拟硬盘

Windows 8 可以直接装载 ISO 和 VHD 格式的文件，支持虚拟光驱和虚拟硬盘功能，不再需要安装第三方软件。图 1-7 所示为载入 ISO 系统文件。

找到需要装载的 ISO 文件，双击 Windows 8 图标，装载之后，资源浏览器会自动打开其中的内容，文件被虚拟成光驱并显示在计算机中，如图 1-8 所示。

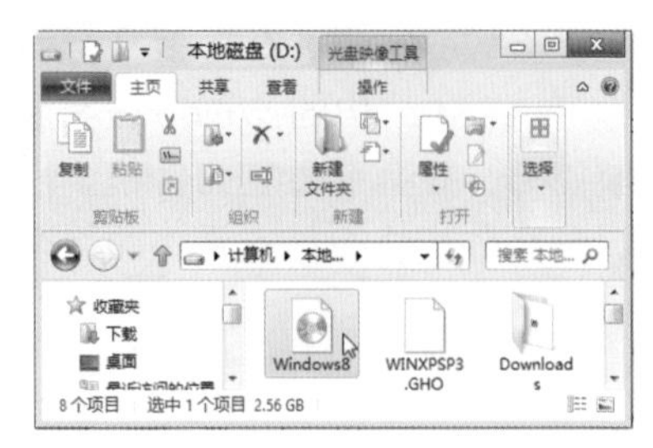

图 1-7　载入 ISO 系统文件

图 1-8　文件被虚拟为光驱

1.2.4　Xbox LIVE 服务和 Hyper-V 功能

1. Xbox LIVE 服务

Xbox LIVE 是 Xbox 及 Xbox 360 专用的多用户在线对战平台，由微软公司开发、管理。微软将 Xbox LIVE 与 Windows 8 进行整合，为玩家提供更好的游戏体验。Xbox 是一种在 Windows 8 上获得极大乐趣的新方式，在用户的 PC 或者平板电脑上可畅享最新的电影、电视节目和音乐。用户还可以获得各种风格的极品游戏——从最新热门游戏到经典游戏都应有尽有。有了 Xbox，娱乐更精彩。如图 1-9 所示即为 Windows 8 操作系统中 Xbox Live 服务位于“开始”屏幕中的程序磁贴。

图 1-9　Xbox LIVE 服务程序磁贴

2. Hyper-V 功能

Hyper-V 是微软推出的一种系统管理程序虚拟化技术，是微软第一个采用类似 VMware 和 Citrix 开源 Xen 的基于 Hypervisor 的技术。Hyper-V 设计的目的是为广大的用户提供更为熟悉的及成本效益更高的虚拟化基础设施软件，这样可以降低运作成本、提高硬件利用率、优化基础设施并提高服务器的可用性。

Hyper-V 虚拟化技术支持 4 核，并且支持 16TB 的储存空间。如图 1-10、图 1-11 所示分别为 Hyper-V 管理器磁贴及“Hyper-V 管理器”窗口。

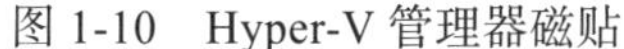

图 1-10　Hyper-V 管理器磁贴

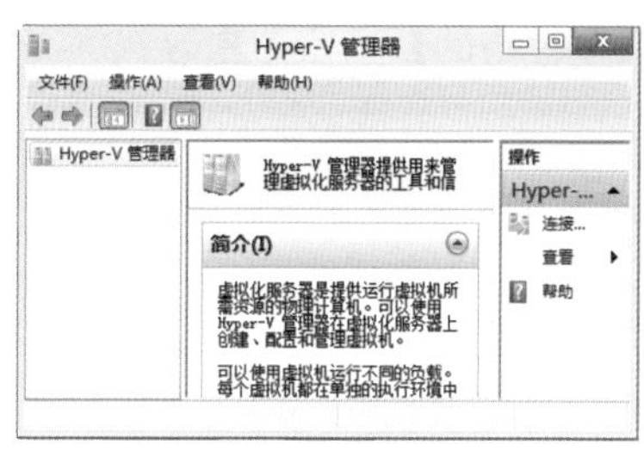

图 1-11　“Hyper-V 管理器”窗口

1.2.5　全新的复制覆盖操作窗口

在 Windows 8 操作系统中，用户感受最明显的巨大变化之一就是复制覆盖操作窗口。与之前所有的 Windows 操作系统完全不同，在 Windows 8 中，无论同时进行多少次复制和粘贴操作，都将其合并在同一个窗口中进行管理。在管理窗口中可以看到移动和复制文件的速度、剩余时间等信息。此外，全新的复制覆盖操作窗口还为用户提供了暂停复制的功能，这是之前所有的 Windows 操作系统中所没有的。图 1-12、图 1-13 分别为复制文件窗口和复制文件被暂停时的窗口。

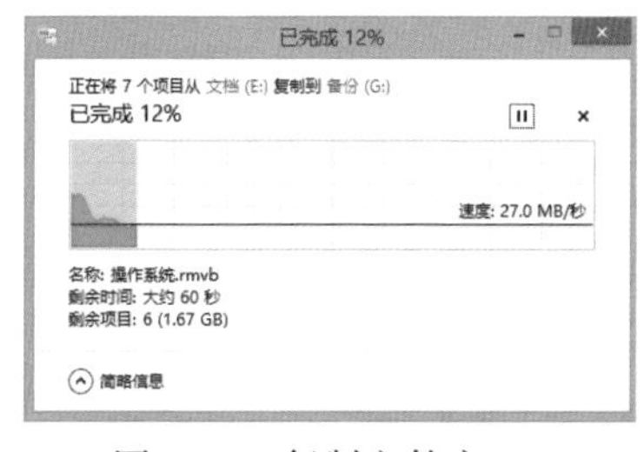

图 1-12　复制文件窗口

图 1-13　复制文件被暂停时的窗口

1.2.6 采用 Ribbon 界面的资源管理器

Ribbon 界面即用户常说的功能区，其最早出现在微软公司的 Microsoft Office 2007 软件中。如图 1-14 所示，Windows 8 的资源管理器采用了 Ribbon 风格的界面，管理文件不需要再从快捷菜单和菜单栏中的复杂命令中寻找解决方法，菜单栏被全新的 Ribbon 界面替代。

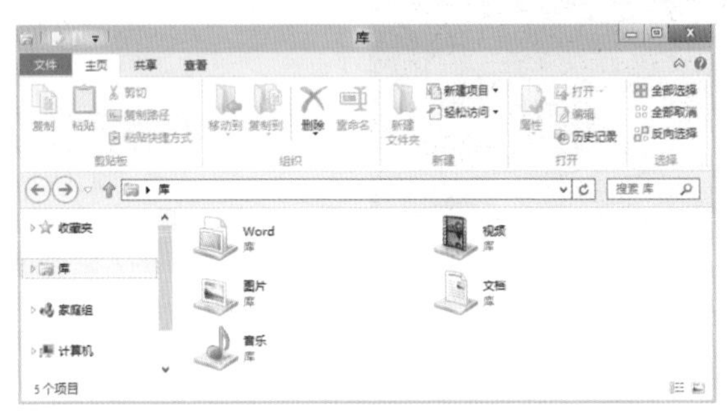

图 1-14　采用 Ribbon 界面的资源管理器

从图中可以看出，Ribbon 界面（功能区）中的按钮普遍都设计得比较大，这是因为，Windows 8 是微软专门开发的一款可以在平板电脑中运行的、使用触摸屏进行操作的系统。Windows 8 在满足 PC 业务的同时，更趋向于触摸操作。由于是专为触摸屏而优化的，因此，Ribbon 界面（功能区）中的按钮自然会设计得大一些。

1.2.7 专为触摸屏而生的 Metro 界面

与 1.2.6 节叙述的为触摸屏而优化的 Ribbon 界面（功能区）不同，Windows 8 操作系统中的 Metro 界面则是专为触摸屏而生的。全新的 Metro 界面是 Windows 8 系统最大的改变，是一项重大的突破。

Metro 界面（如图 1-15 所示）是一种界面展示技术。它与苹果的 iOS、谷歌的 Android 界面最大的区别在于，后两种都是以应用为主要呈现对象的，而 Metro 界面强调的是信息本身，不是冗余的界面元素。显示下一个界面的部分元素的功能，主要是提示用户“这儿有更多信息”。同时，在视觉效果方面，这有助于使用户形成身临其境的感觉。

图 1-15　Windows 8 的 Metro 界面

1.3　安装 Windows 8 操作系统

Windows 8 操作系统的安装与之前的 Windows 操作系统的安装不同。它的安装速度有很大的提升，有测试称，Windows 8 最快可以在 21 分钟内安装完成，普通情况下 40 分钟左右也可完成安装。Windows 8 的这一改进让安装更快、更易用，而且也确保了 Windows 操作系统的一贯稳定性。

1.3.1　安装 Windows 8 系统的配置要求

Windows 8 操作系统是在 Windows 7 操作系统的基础之上开发的，所以，Windows 8 操作系统能够在支持 Windows 7 操作系统的计算机硬件环境下平稳地运行。具体配置要求如表 1-2 所示。

表 1-2　安装 Windows 8 的配置要求

主要硬件	最低配置	推荐配置
CPU	1GHz 以上的处理器	2GHz 及以上主频的 64 位多核心处理器
内存	1GB（32 位）或 2GB（64 位）	2 GB 系统内存（32 位）或 4GB 系统内存（64 位）
硬盘	16GB（32 位）或 20GB（64 位）	至少 60GB
显卡	WDDM 1.0 或更高版本驱动程序的 DirectX 9 图形设备	512MB 独立显卡；使用 WDDM 1.2 或更高版本的 DirectX 10 图形设备

1.3.2 开始安装 Windows 8 操作系统

当用户详细地了解了 Windows 8 操作系统的各种特性和所需硬件配置之后，便可以开始 Windows 8 操作系统的安装操作，最常见的安装 Windows 8 操作系统的方法便是使用系统光盘进行安装。

1. BIOS 设置

使用安装光盘正式安装 Windows 8 之前，需要在开机时进入 BIOS，调整开机启动顺序，让光驱优先启动，这样就可以在开机时顺利进入光盘中的操作系统安装程序。后面的安装过程就简单、明了了。那么，怎样设置从光驱启动呢？

首先，开机时按【F2】键进入 BIOS，BIOS 设置主界面如图 1-16 所示；然后按右方向键进入启动项界面，从中调整硬件的启动顺序，设置为光驱启动（CD-ROM Drive），BIOS 启动项界面如图 1-17 所示；最后跳至退出项界面，保存设置退出即可，如图 1-18 和图 1-19 所示。

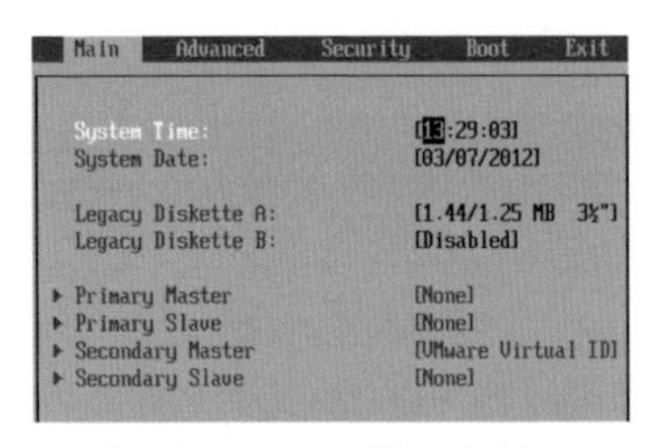

图 1-16 BIOS 设置主界面

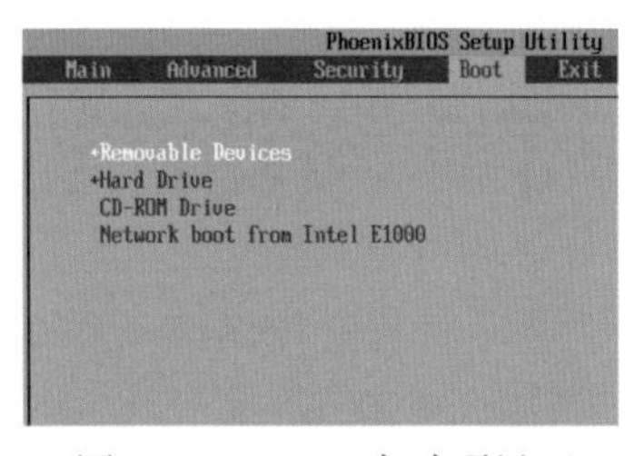

图 1-17 BIOS 启动项界面

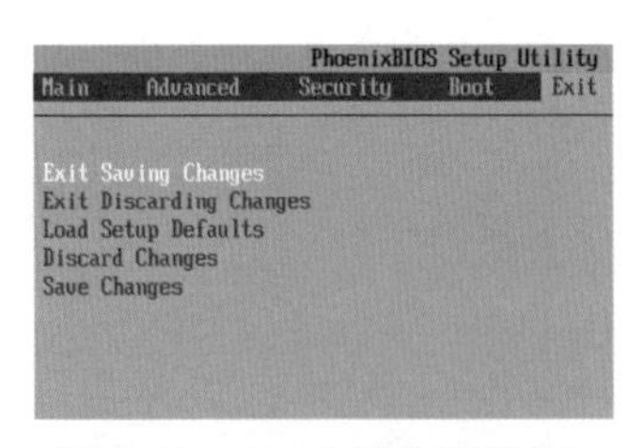

图 1-18 BIOS 退出项界面

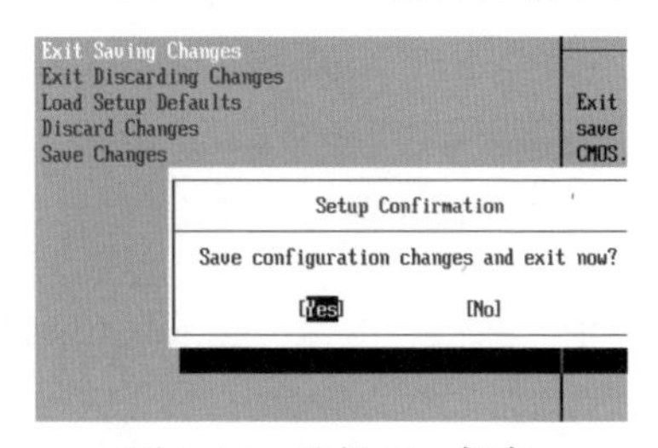

图 1-19 选择 Yes 保存

2. 正式从光盘安装 Windows 8

（1）在光驱中放入 Windows 8 系统的安装光盘，然后重启计算机，等待计算机读盘，如图 1-20 所示。

（2）启动安装程序后，在弹出的“Windows 安装程序”窗口中设置“要安装的语言”、“时间和货币格式”以及“键盘和输入方法”，然后单击“下一步”按钮，如图 1-21 所示。

图 1-20　计算机正在读盘

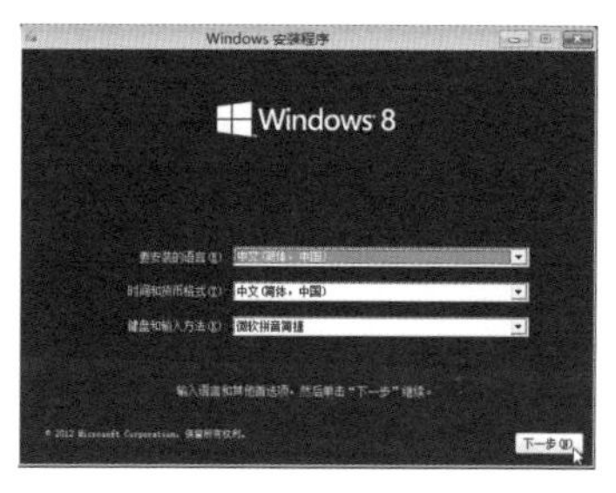

图 1-21　设置安装语言等选项

（3）在打开的界面中单击“现在安装”按钮，如图 1-22 所示。

（4）此时，计算机开始启动系统安装程序，用户可在屏幕上看到“安装程序正在启动”字样，如图 1-23 所示。

图 1-22　单击“现在安装”按钮

图 1-23　启动界面

（5）待 Windows 安装程序启动后，勾选“我接受许可条款”复选框，然后单击“下一步”按钮，如图 1-24 所示。

（6）切换至“你想执行哪种类型的安装？”界面，单击“自定义：仅安装 Windows（高级）”选项全新安装，如图 1-25 所示。

（7）切换至“你想将 Windows 安装在哪里？”界面，如果磁盘还未分区，则单击“驱动器选项（高级）”链接，如图 1-26 所示。若已经分区，则直接跳至第（11）步。

（8）单击“新建”链接，在“大小”右侧的微调框中输入新建磁盘分区的大小，然后单击“应用”按钮，如图 1-27 所示。

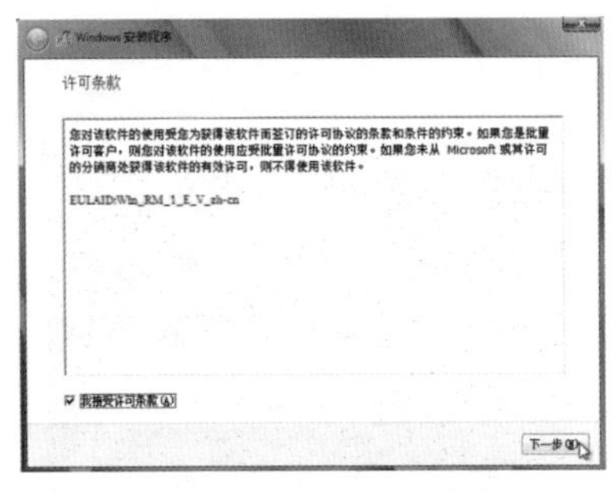

图 1-24　接受许可条款

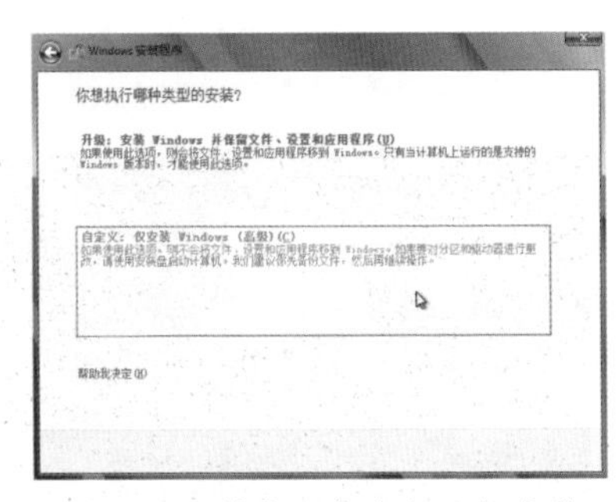

图 1-25　单击“自定义：仅安装 Windows（高级）”选项

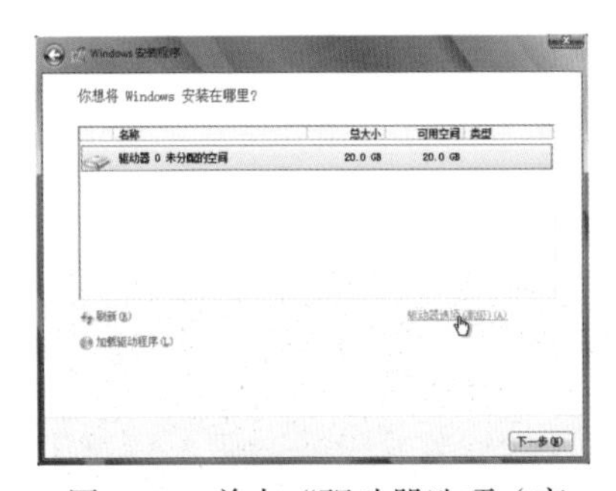

图 1-26　单击“驱动器选项（高级）”链接

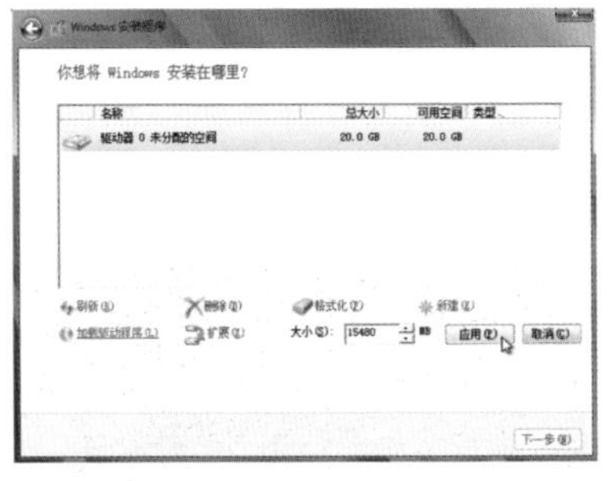

图 1-27　创建磁盘分区

（9）此时在弹出的对话框中单击“确定”按钮，如图 1-28 所示。

（10）继续使用上面第（8）步介绍的方法将磁盘剩余的空间创建分区，如图 1-29 所示。

（11）待磁盘分区创建完成后，选择需要安装操作系统的磁盘分区后，再单击“下一步”按钮，如图 1-30 所示。

（12）此时，Windows 安装程序便开始复制系统安装文件到计算机磁盘分区中，用户可在对话框中查看到实时的复制进度，如图 1-31 所示。

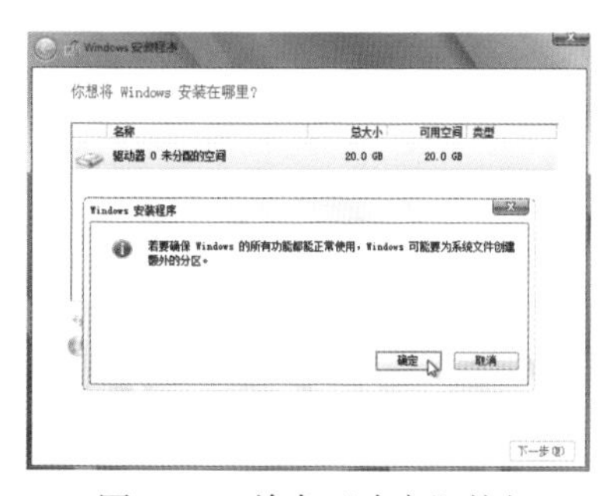

图 1-28　单击“确定”按钮

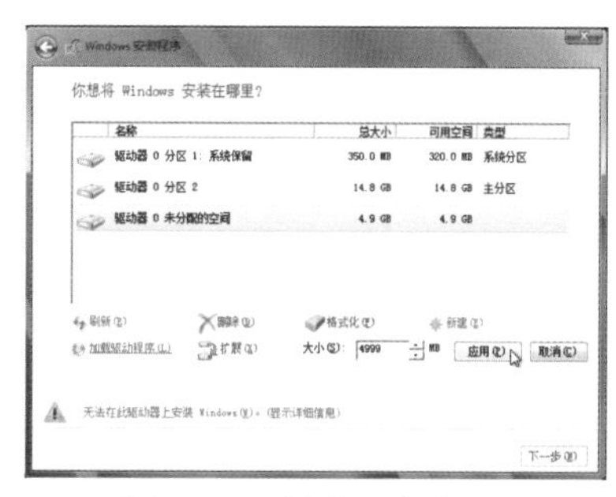

图 1-29　创建磁盘分区

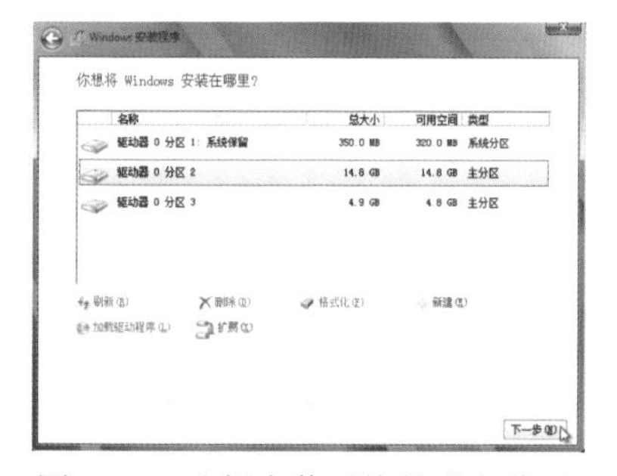

图 1-30　选择安装系统的磁盘分区

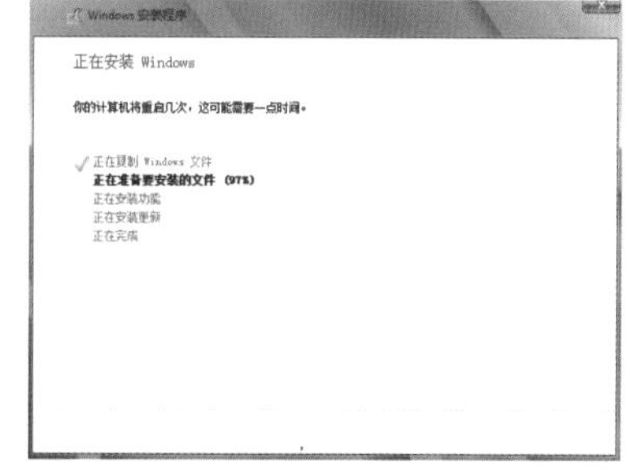

图 1-31　正在复制 Windows 文件

（13）待系统安装文件复制完成后，Windows 安装程序将提醒用户 Windows 需要重启才能继续，准备重启界面如图 1-32 所示。

（14）计算机重新启动后，Windows 8 操作系统将继续进行安装，为硬件设备安装驱动，安装驱动界面如图 1-33 所示。

图 1-32　准备重启界面

图 1-33　安装驱动界面

3. 首次使用设置

当 Windows 8 操作系统安装过程中的复制安装文件部分的操作完成后，系统即可启动，首先进入“个性化”页面，这是使用 Windows 8 操作系统前必要的一步。

（1）在“个性化”界面中进行个性化设置。从中可以设置系统的颜色和计算机的名称，颜色可保持默认，也可自行选择，在“电脑名称”文本框中输入名称，然后单击“下一步”按钮，如图 1-34 所示。

（2）在打开的“设置”界面中单击“使用快速设置”按钮，如图 1-35 所示。

图 1-34　个性化设置

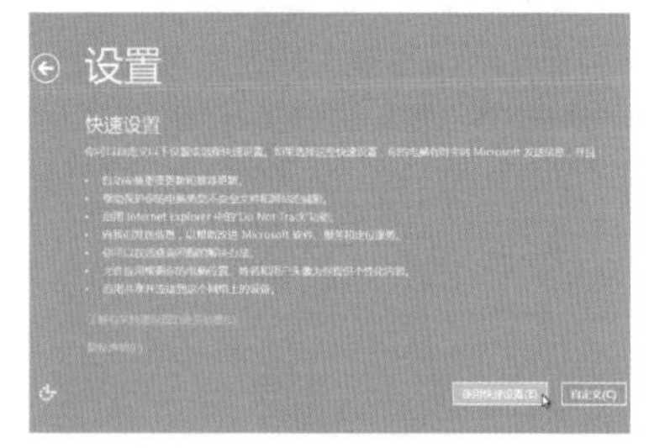

图 1-35　单击“使用快速设置”按钮

（3）在打开的“登录到电脑”界面中单击“不使用 Microsoft 账户登录”链接，如图 1-36 所示。

（4）之后，在打开的界面中单击“本地账户”按钮，如图 1-37 所示。

图 1-36　单击“不使用 Microsoft 账户登录”链接

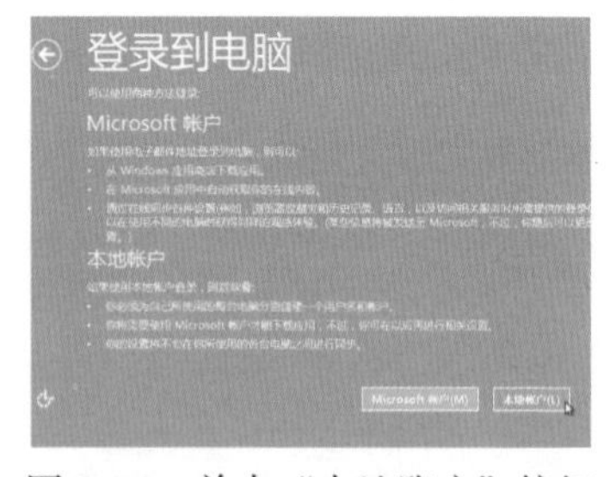

图 1-37　单击“本地账户”按钮

（5）在之后打开的界面中输入用户名、密码、提示密码后，单击“完成”按钮，如图 1-38 所示。

（6）这时，计算机将会把用户的所有设置应用到操作系统中，完成设置界面如图 1-39 所示。

图 1-38　输入“用户名”等选项

图 1-39　完成设置界面

（7）接下来，在计算机完成设置期间，计算机屏幕将依次显示“你好”（如图 1-40 所示）、“我们正在对电脑进行配置使其准备就绪”和“趁此机会你可以了解一下 Windows 的全新使用方法”字幕。

（8）接下来，用户便可在屏幕中看到 Windows 全新的使用方法介绍，界面如图 1-41 所示。

图 1-40　“你好”字幕

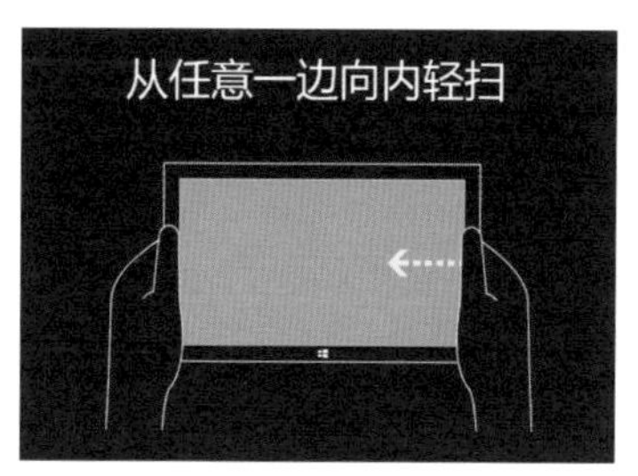

图 1-41　使用方法介绍界面

（9）等待使用方法介绍完毕后，系统开始为计算机做准备工作，界面如图 1-42 所示。

（10）准备工作开始后，系统将为用户的计算机安装最后的应用程序，界面如图 1-43 所示。

（11）接下来等待计算机处理完成设置，当计算机屏幕显示“请尽情使用吧”字样时，Windows 8 操作系统的初次设置结束，然后单击屏幕，如图 1-44 所示。

（12）这时，计算机将自动登录到 Windows 8 操作系统中的“开始”屏幕中，安装系统完成，“开始”屏幕界面如图 1-45 所示。

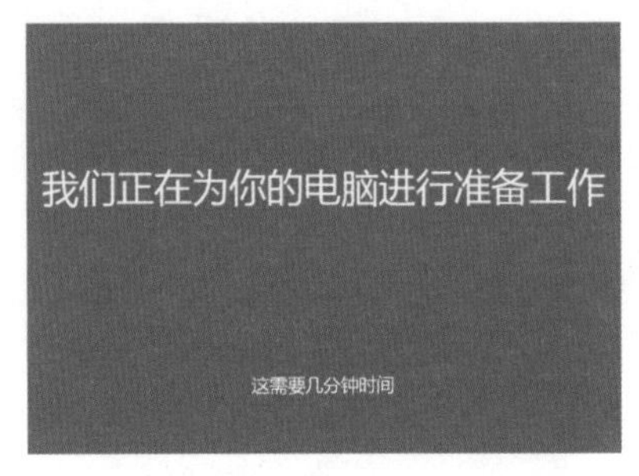

图 1-42　进行准备工作界面

图 1-43　安装应用界面

图 1-44　“请尽情使用吧”字样

图 1-45　“开始”屏幕界面

2

Windows 8 基础与常规操作

Windows 8 给用户最直观的改变就是全新的 Metro（新 Windows UI）界面。Metro 界面是一种界面展示技术，类似于苹果的 iOS 界面、谷歌的 Android 界面。用户在日常使用计算机时，操作更加简单、快捷。下面就来操作 Windows 8 吧。

Windows 8 的 Metro 界面

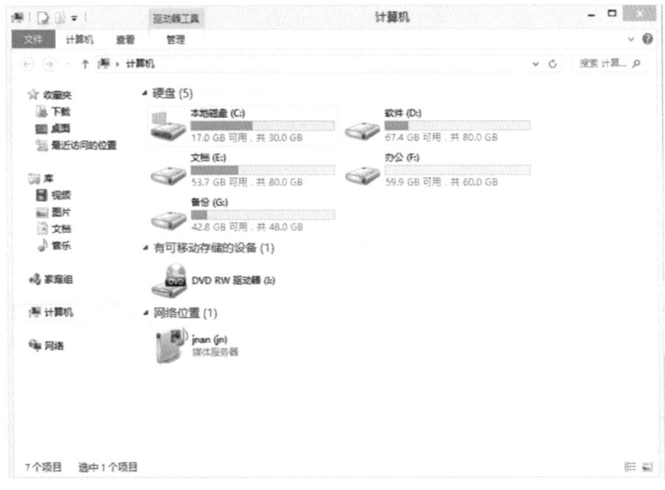

Windows 8 的“计算机”窗口

2.1 开机登录

装好 Windows 8 系统后，用户便可以直接启动计算机了。

Windows 8 操作系统的开启顺序和以前的操作系统的开启顺序一样，先开显示器，后开主机，最后等待计算机自动进入系统界面，如图 2-1 所示，接着单击屏幕出现登录界面，如图 2-2 所示，输入安装系统时设置的密码，按回车键登录即可。

图 2-1　系统界面

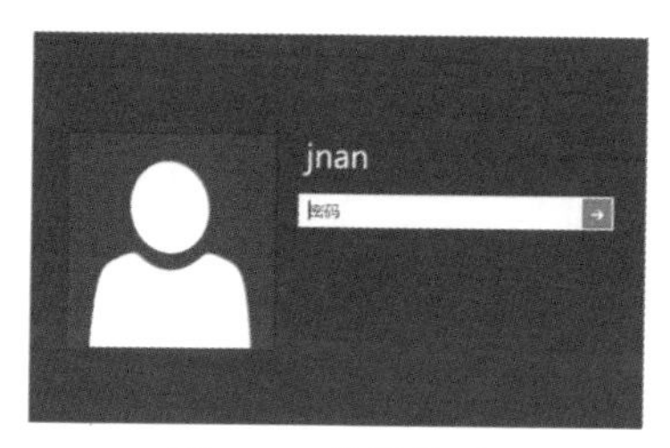

图 2-2　登录界面

2.2　Windows 8 的桌面

开机登录完成后，用户便可以欣赏到焕然一新的 Windows 8 的“开始”屏幕（Metro 界面），如图 2-3 所示。

图 2-3　Windows 8 的“开始”屏幕

当然，Windows 8 操作系统也有 Windows 传统的桌面，只不过 Windows 8 操作系统的桌面隐藏在“开始”屏幕中，用户只需单击屏幕左下方的“桌面”图标即可进入 Windows 8 的桌面中，Windows 8 的桌面如图 2-4 所示。需要注意的是，此处显示的桌面是经过设置且安装了软件后的桌面，刚安装完的系统的桌面上仅有一个“回收站”图标。

图 2-4　Windows 8 的桌面

2.2.1　桌面图标

安装完系统后，进入 Windows 8 的桌面，发现只有一个“回收站”图标，如图 2-5 所示。

右击计算机桌面，弹出快捷菜单，如图 2-6 所示。选择“个性化”命令，打开“个性化”窗口，如图 2-7 所示。单击左上角的“更改桌面图标”链接，打开“桌面图标设置”对话框，如图 2-8 所示，勾选要放置到桌面上的图标的复选框，如图 2-9 所示，单击“确定”按钮。此时可以看到桌面上已经出现了熟悉的图标，如图 2-10 所示。

图 2-5　桌面上只有“回收站”图标

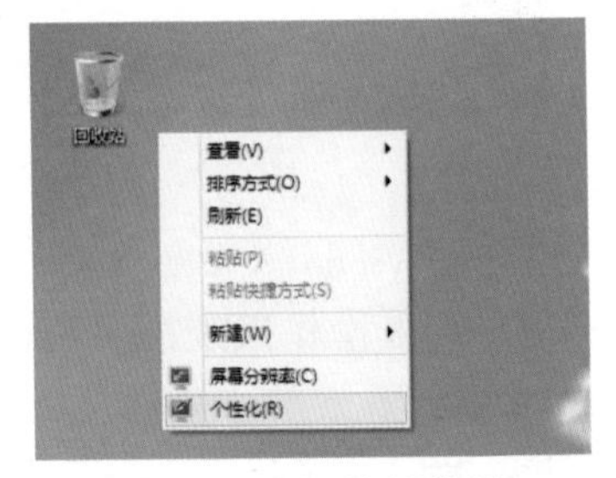

图 2-6　桌面快捷菜单

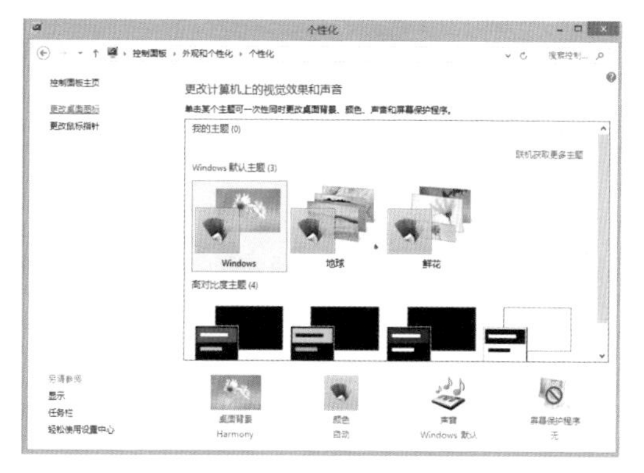

图 2-7　“个性化”窗口

图 2-8　“桌面图标设置”对话框

图 2-9　桌面图标设置

图 2-10　用户熟悉的 Windows 桌面图标

2.2.2 任务栏

在之前的 Windows 系列操作系统中，任务栏就是指位于桌面最下方的小长条，主要由“开始”按钮、快速启动栏、应用程序区和托盘区组成，如图 2-11 所示。

Windows 8 的任务栏中的最大特点是取消了“开始”按钮，如图 2-12 所示。

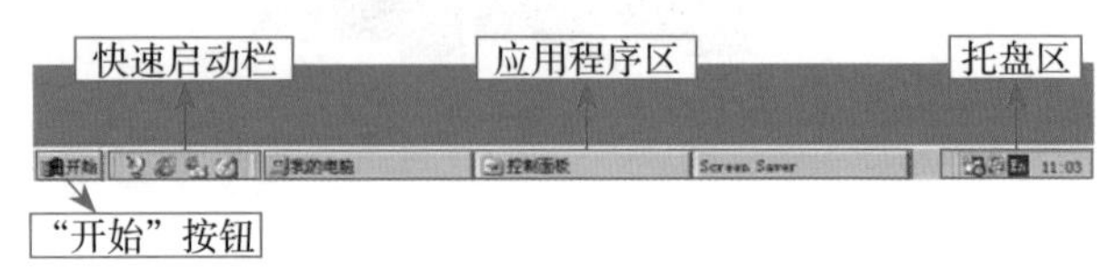

图 2-11 早期 Windows 灰色经典任务栏

图 2-12 Windows 8 的任务栏

在 Windows 8 中，任务栏中各部分的功能说明如下。

- “开始”缩略图：通过单击“开始”缩略图，可以快速进入“开始”屏幕。
- 应用程序区：用于存放大部分正在运行的程序窗口，可以将常用程序锁定到左侧。
- 通知区域：通过小图标显示网络连接状态、音量、时钟及部分正在运行的应用程序。
- 显示桌面：位于任务栏最右侧，单击可立即显示桌面。

2.2.3 桌面背景

桌面背景又称墙纸，是桌面的背景图片，如图 2-13 所示。

桌面是打开计算机并登录到 Windows 之后看到的主屏幕区域，就像实际的桌面一样，它是用户工作的平面，由桌面图标、背景图片、任务栏组成，它是 Windows 系统用来凸显用户品味、展现用户风格的地方，如图 2-14 所示。

图 2-13　桌面背景图片

图 2-14　计算机桌面

刚装好的 Windows 8 操作系统采用的是默认的桌面背景。用户若想更换桌面背景，可以按以下步骤操作。

（1）单击计算机任务栏最右边的显示桌面按钮回到桌面（若用户计算机没有任何操作就显示桌面，则可跳过此步），在桌面上右击鼠标，在弹出的快捷菜单中选择“个性化”命令，如图 2-15 所示。

图 2-15　选择“个性化”命令

（2）在打开的“个性化”窗口中

（见图 2-16），单击下方位置的“桌面背景”图标。

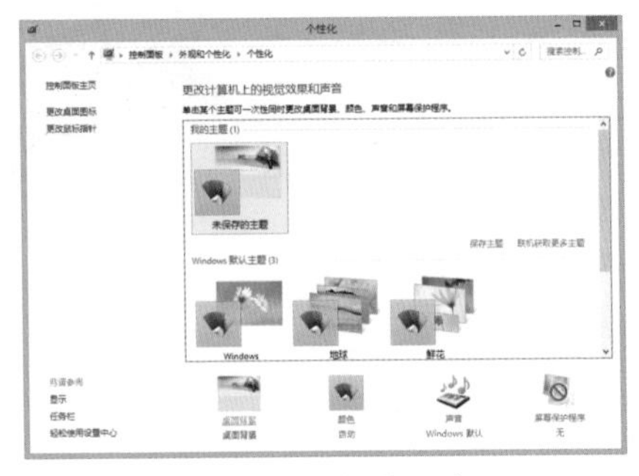

图 2-16　“个性化”窗口

（3）在打开的“桌面背景”界面中，从列表框中选择一张图片，然后单击“保存更改”按钮，如图 2-17 所示。

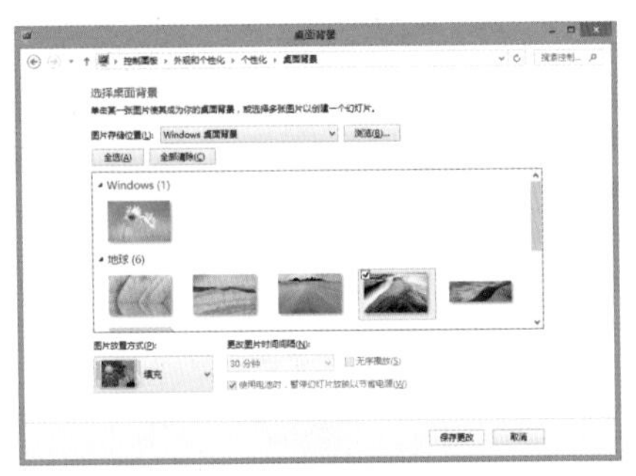

图 2-17　选择一张图片

（4）更改完成后的桌面背景如图 2-18 所示。

图 2-18　更改后的桌面背景

2.2.4 “开始”屏幕

在 Windows 8 操作系统中，取消了之前 Windows 操作系统的重要标志——“开始”菜单，Windows 7 系统的“开始”菜单和经典的“开始”菜单如图 2-19 和图 2-20 所示，取而代之的是全新的“开始”屏幕，Windows 8 系统的“开始”缩略图和“开始”屏幕如图 2-21 和图 2-22 所示。

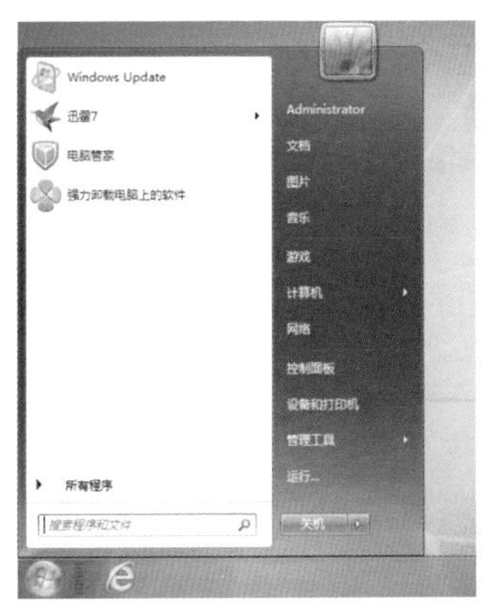

图 2-19　Windows 7 系统的“开始”菜单

图 2-20　经典的“开始”菜单

图 2-21　Windows 8 任务栏中左下角的“开始”缩略图

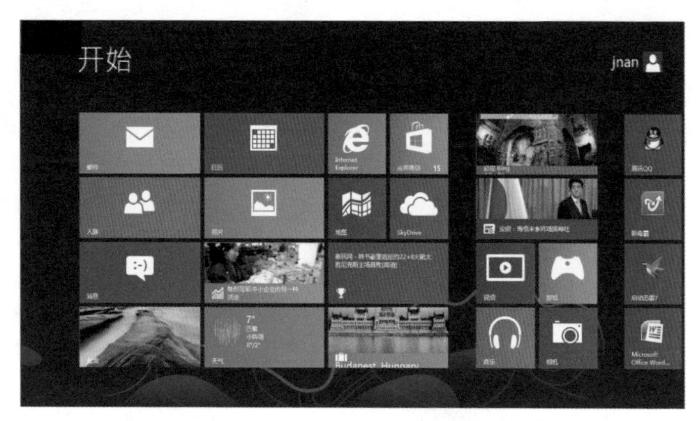

图 2-22　Windows 8 的“开始”屏幕

2.3　使用桌面图标

桌面图标是指在计算机桌面上排列着的具有明确指代含义的计算机图形。当用户双击图标时，可以启动相应的程序。下面详细介绍系统桌面图标的添加、其他快捷方式图标的添加、桌面图标的排列及其删除的方法。

2.3.1　添加系统图标

添加系统图标的方法在上面 2.2.1 小节中讲述了，下面介绍主要系统桌面图标的作用。

- 计算机：计算机的资源管理器，在其中可以进行磁盘、文件、文件夹的操作等。
- 用户的文件：系统为用户建立的文件夹，主要用于保存文档、图形，当然也可以保存其他任何文件。图标的名称是用户计算机的名称。
- 网络：是共享计算机、打印机和网络上其他资源的快捷方式。
- 回收站：用来存放用户临时删除的文档资料，用好和管理好回收站、打造富有个性功能的回收站可以更加方便人们日常的文档维护工作。

2.3.2 更改桌面图标的大小

Windows 8 系统为用户提供了 3 种调整桌面图标大小的方式：“大图标”、“中等图标”、“小图标”，如图 2-23 所示。

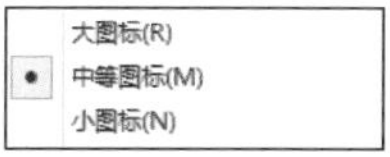

大图标(R)
中等图标(M)
小图标(N)

图 2-23 桌面图标显示方式

- 大图标：大图标的像素是 256×256px，这很符合中老年用户的需求，如图 2-24 所示。
- 中等图标：中等图标的像素是 64×64px，是系统默认的图标大小，也是普通分辨率大小下系统图标的最佳显示方式，如图 2-25 所示。
- 小图标：小图标的像素是 48×48px，用户可以在桌面上放置更多的桌面图标，如图 2-26 所示。

图 2-24 大图标

图 2-25 中等图标

图 2-26 小图标

那么，用户该如何进行调整呢？右击桌面空白区域，在弹出的快捷菜单中指向“查看”命令，弹出子菜单，从中用户可以自行设置桌面图标为“大图标”、“中等图标”或“小图标”，如图 2-27 所示。

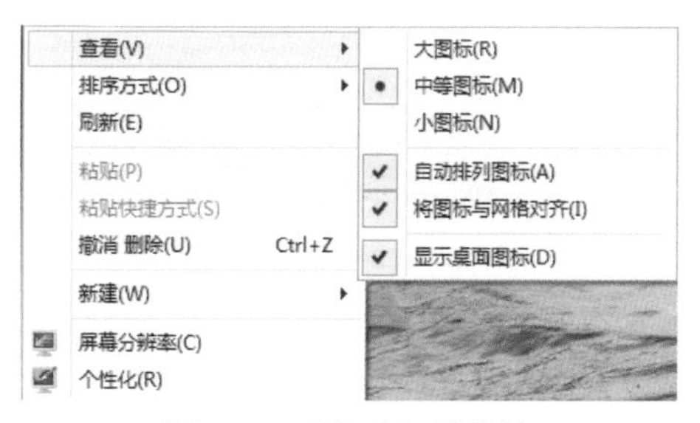

图 2-27 “查看”子菜单

2.3.3 排列桌面图标

当用户长期使用计算机后，桌面图标会越来越多，这些图标可能会错乱地排放在桌面上，这样既不利于美观，也会使用户在寻找所需的图标时由于浪费时间而降低工作效率。用户可以在 Windows 8 系统中重新排列图标，从而使桌面整洁、美观，具体操作步骤如下。

（1）右击计算机桌面的空白处，在弹出的快捷菜单中指向“排列方式”命令，弹出子菜单，选择“名称”命令，如图 2-28 所示。

图 2-28 选择“排列方式”中的“名称”命令

（2）操作完成后，可以看到图标按“名称”排列后的效果，如图 2-29 所示。

图 2-29 图标按“名称”排列后的效果

除了上述方法之外，用户还可以通过按住鼠标左键拖动的方法来重新排列桌面图标。

2.3.4　删除桌面图标

用户在使用计算机的过程中，可能在桌面上排列了过多的桌面图标，从而影响用户计算机的速度，降低用户的工作效率。此时可以删除一些不必要的桌面图标，具体操作步骤如下。

（1）选择需要删除的一个或者多个桌面图标并右击，弹出快捷菜单，选择“删除”命令，如图 2-30 所示。

（2）删除后的效果如图 2-31 所示。

图 2-30　选择“删除”命令

图 2-31　删除后的效果

2.4　Windows 8 任务栏的基本操作

任务栏是 Windows 系统中的经典元素，微软公司一直都在对任务栏进行创新和改进，从 Windows XP 到 Windows Vista，再到最近的 Window 7 和现在的 Windows 8 系统，任务栏一步步朝着更人性化的方向不断变化着。那么，任务栏的功能和具体操作有哪些呢？下面详细介绍。

在 2.2.2 小节，用户对任务栏有了一定的了解。任务栏就是计算机桌面最下方的小长条。任务栏作为 Windows 系统中的经典元素之一，它承载着日常使用 Windows 系统中最基本的程序切换功能。用户可以在任务栏中进行切换程序、程序的锁定等操作。

任务栏非常重要且经常使用。用户可自定义任务栏，使其更加符合自己的操作习惯。对于所有的任务栏设置，用户都可以在“任务栏属性”对话框中进行，如图 2-32 所示。

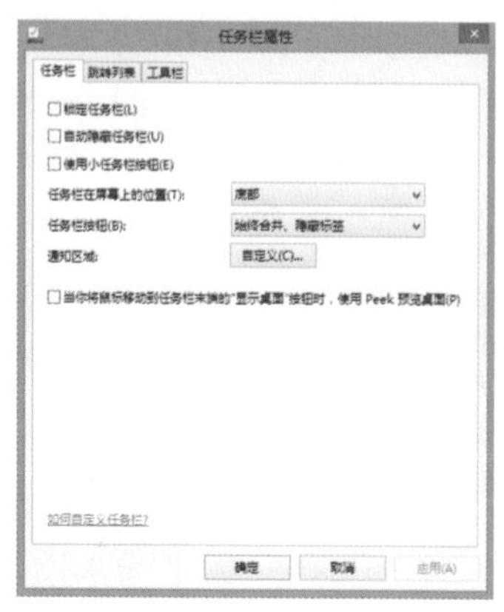

图 2-32 “任务栏属性”对话框

下面详细介绍“任务栏属性”对话框中各选项的功能说明。

- 锁定任务栏：不选择该选项时，用户可以自定义任务栏的大小和位置；选择该选项时则不能。
- 自动隐藏任务栏：选择该选项时，任务栏会自动在桌面上消失，只有当用户把鼠标指针指向桌面下方时（任务栏位置为默认时），任务栏才会出现，如图 2-33 和图 2-34 所示。

图 2-33 任务栏自动消失

图 2-34 鼠标指针指向桌面下方时任务栏自动出现

- 使用小任务栏按钮：选择该选项时，任务栏和图标都会相应地变小，从而能够容纳更多的图标。如图 2-35 所示为未使用小任务栏按钮时的效果；如图 2-36 所示为使用了小任务栏按钮时的效果，可以看到，使用小任务栏按钮后，任务栏和图标都相应小了许多。

图 2-35 未使用小图标按钮时的效果图

图 2-36 使用小图标按钮时的效果图

- 任务栏在屏幕上的位置：Windows 8 操作系统为用户提供了 4 种任务栏位置可供选择，即顶部、底部、左侧、右侧，用户可以根据自己的需求或爱好选择其中一个位置（系统默认是底部），如图 2-37、图 2-38 和图 2-39 所示。

图 2-37 任务栏在桌面左侧

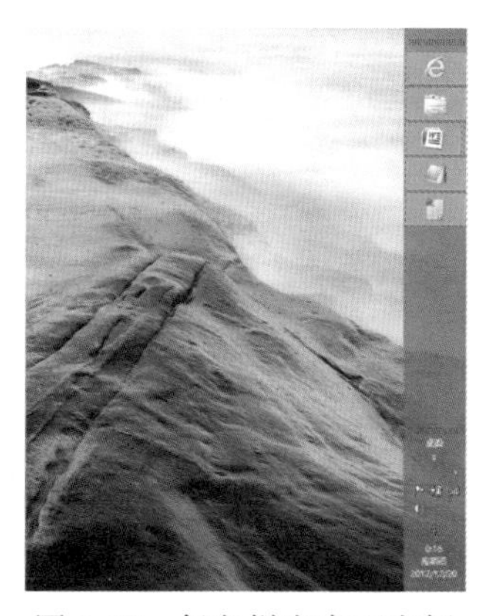

图 2-38 任务栏在桌面右侧

图 2-39 任务栏在桌面顶部

- 任务栏按钮：在 Windows 8 操作系统中，给用户提供了 3 种显示任务栏按钮图标的方式，即“始终合并、隐藏标签”（如图 2-40 所示）、“当任务栏被占满时合并”和“从不合并”（如图 2-41 所示）。用户可以根据自己的实际需求自行选择。

图 2-40 始终合并、隐藏标签

图 2-41 从不合并

- 通知区域：用户可自定义通知区域中出现的图标和通知。单击“自定义”按钮，弹出“通知区域图标”窗口，如图 2-42 所示。在其中可选择在任务栏上出现的图标和通知，勾选窗口底部的“始终在任务栏上显示所有图标和通知”复选框，则任务栏中的通知区域将显示所有的图标和通知。

图 2-42 “通知区域图标”窗口

2.5　Windows 8 对话框

对话框是一种次要窗口，包含按钮和各种选项，通过它们可以完成特定的命令或任务。对话框中没有“最大化”和“最小化”按钮，且大多不能改变形状和大小（“打开文件”等少数对话框是可以改变大小的）。

对话框是人机交流的一种工具，用户对对话框进行设置，计算机就会执行相应的命令。对话框中有单选按钮、复选框等。

如图 2-43 所示为一个标准的对话框，对话框由标题栏、选项卡、复选框、按钮等组成，其具体的功能介绍如下。

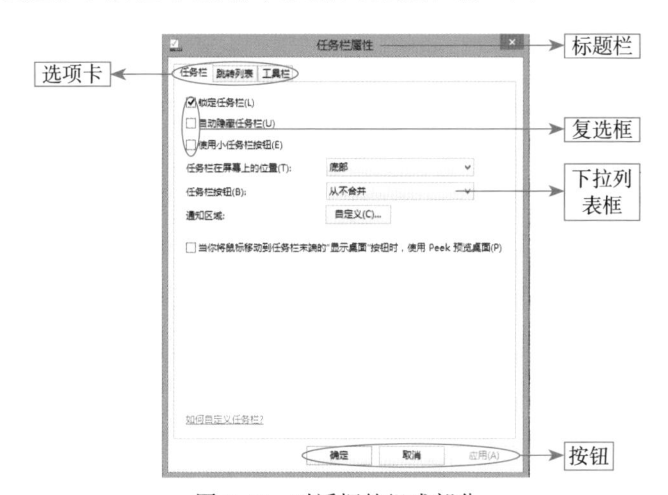

图 2-43　对话框的组成部分

- 标题栏：位于对话框最顶部，显示当前应用程序名、文件名等。
- 选项卡：设置选项的模块，每个选项卡代表一个活动的区域。
- 下拉列表框：列表式选项单，用户可以从中选择一个操作命令。
- 复选框：选项清单，用户可以选择一个或者多个操作命令。
- 按钮：用户可单击按钮执行相应的操作，如“确定”或“取消”按钮等。

2.6 Windows 8 窗口的使用

之前的 Windows 操作系统一直都以窗口的形式区分各个程序的工作区域，但 Windows 8 操作系统的窗口与以往的 Windows 操作系统的窗口又有些不同。为了更好地完成人机交互工作，下面介绍一下 Windows 8 窗口的使用。

2.6.1 窗口的组成

窗口是用户界面中最重要的部分，它是屏幕上与一个应用程序相对应的矩形区域，包括框架和客户区，是用户与产生该窗口的应用程序之间的可视界面。大部分窗口都由一些固定的元素组成，如标题栏、地址栏、搜索栏等。如图 2-44 所示为“计算机”窗口。

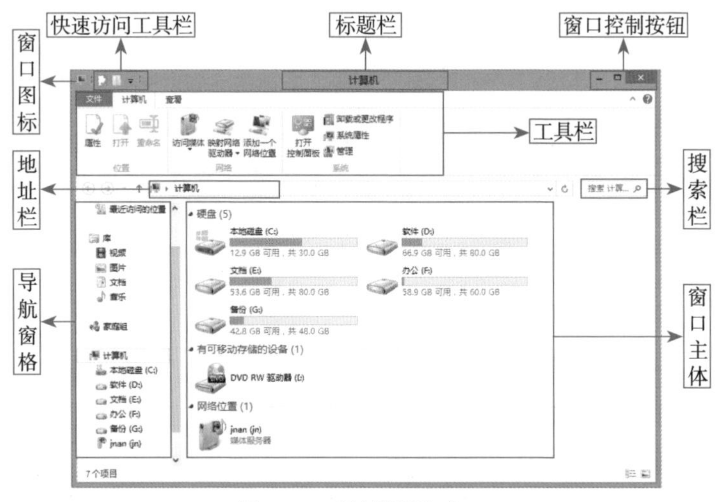

图 2-44 “计算机”窗口

下面介绍窗口中的各组成部分及其功能说明。

- 窗口图标：单击可打开窗口控制菜单，双击可关闭窗口。
- 快速访问工具栏：该工具栏集成了多个常用的按钮，用户可自定义设置。
- 标题栏：显示当前窗口的名称。
- 窗口控制按钮：显示了最大化、最小化及关闭窗口的控制按钮。

• 工具栏：显示位图式按钮行的控制条，位图式按钮可用来执行命令。
• 地址栏：用于显示和输入当前窗口的地址。
• 搜索栏：用于根据关键字搜索当前文件夹路径中的某个特定文件。
• 导航窗格：用于快速选择右侧窗口中要查看内容的链接。
• 窗口主体：用于显示当前文件夹或文件包含的内容。

2.6.2　窗口的打开

在 Windows 8 操作系统中，打开窗口的方式有以下两种。
• 双击需要打开窗口的图标。
• 右击需要打开窗口的图标，然后在弹出的快捷菜单中选择“打开”命令，如图 2-45 所示。

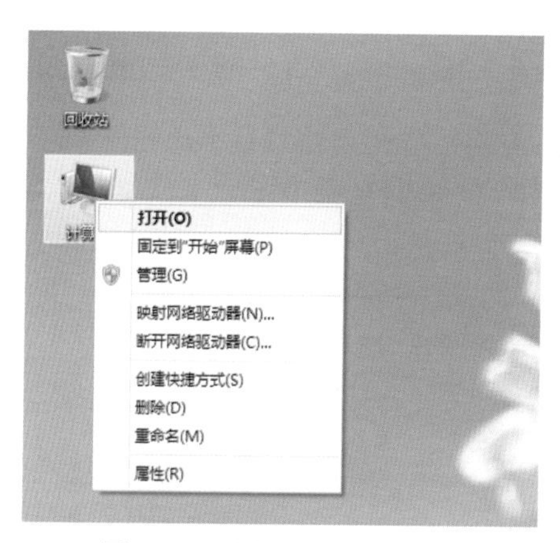

图 2-45　选择“打开”命令

2.6.3　窗口的最小化、最大化和关闭

Windows 操作系统一直都拥有最大化、最小化、还原 3 种窗口显示状态，用户可以通过窗口右上角的“最小化”、“最大化”和“关闭”3 个按钮来控制，如图 2-46 所示。

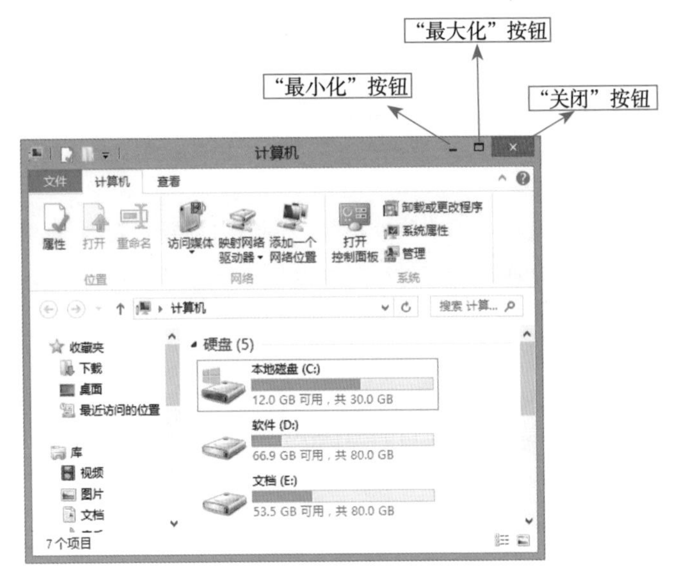

图 2-46　“最小化”、“最大化”和“关闭”按钮

- 最小化：用户可以把当前窗口最小化到任务栏中，还可以通过单击任务栏上的最小化窗口图标来恢复显示窗口，如图 2-47 所示。

图 2-47　单击“最小化”按钮后的效果图

- 最大化：当用户第一次打开窗口时，窗口默认处于正常状态，如图 2-48 所示。用户单击窗口右上角的“最大化”按钮，可

将其扩展至整个屏幕，此时窗口填满整个计算机屏幕，如图 2-49 所示。当窗口处于最大化状态时，该按钮即变为“还原”按钮，单击该按钮，可将窗口还原为最大化前的状态。

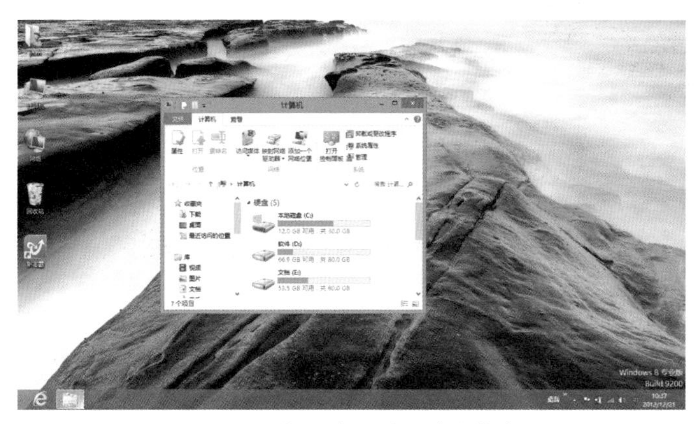

图 2-48　打开窗口时的默认状态

图 2-49　单击“最大化”按钮后的效果图

• 关闭：用户可通过单击此按钮来关闭当前窗口，如图 2-50 所示。

图 2-50 单击“关闭”按钮后的效果图

2.6.4 调整窗口位置

在 Windows 8 中打开窗口后，窗口的位置并不是固定不变的，用户可以根据自己的需要调整窗口的位置和大小。

在打开的窗口中，将鼠标指针指向窗口标题位置，按住鼠标左键拖动即可调整窗口位置。调整窗口位置前后的效果分别如图 2-51 和图 2-52 所示。需要注意的是，窗口位置只能在还原状态时才能调整，在最大化与最小化状态下是不能调整窗口位置的。

图 2-51 调整窗口位置前

图 2-52 调整窗口位置后

2.6.5 调整窗口大小

在 Windows 8 中打开窗口后，用户可以自行调整窗口的大小，以使窗口内容更加清晰、完整地显示。

用户可以通过拉伸或者收缩的方式来改变窗口的大小。在改变窗口大小时，只要把鼠标指针移动到窗口四周的边框上或者是 4 个角上，当鼠标指针变为双向箭头形状 ↔ 时，按住鼠标左键不放进行拉伸或者收缩即可。调整窗口大小前后的效果分别如图 2-53 和图 2-54 所示。

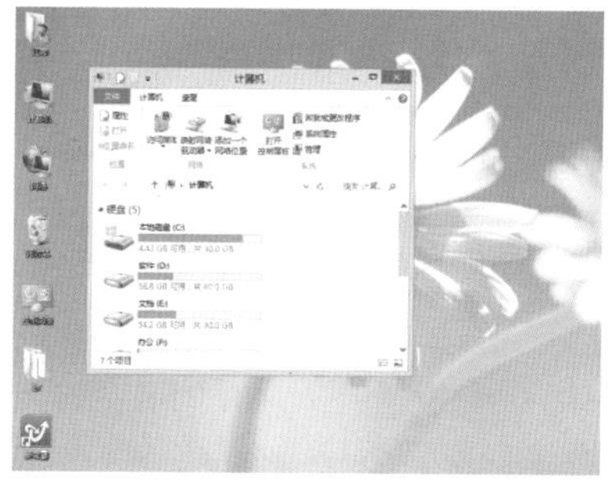

图 2-53　调整窗口大小前

图 2-54　调整窗口大小后

2.6.6　切换窗口

用户在日常使用计算机的过程中，常常在桌面上打开了不止一个窗口。当用户需要在多个窗口中进行相关操作时，就会进行窗口的切换。通常窗口的切换可以通过以下两个方法实现。

方法一： 通过任务栏按钮图标切换。用户在打开窗口时，任务栏上会自动生成相应的按钮图标，单击相应的按钮图标即可进行窗口间的切换。如果相同类型的窗口标签被合并在一个按钮图标下，那么将鼠标指针指向该按钮图标，可弹出该按钮图标下隐藏的所有窗口的缩略图，单击要切换到窗口的缩略图，即可切换到该窗口下，如图 2-55 所示。

方法二： 单击屏幕上的窗口来切换。以图 2-55 为例，当前窗口为“计算机”窗口，若要将“网络”窗口作为当前窗口，用户可直接单击“网络”窗口的任意位置，此时自动将“网络”窗口作为当前窗口，而将“计算机”窗口移至当前窗口之后显示，效果如图 2-56 所示。

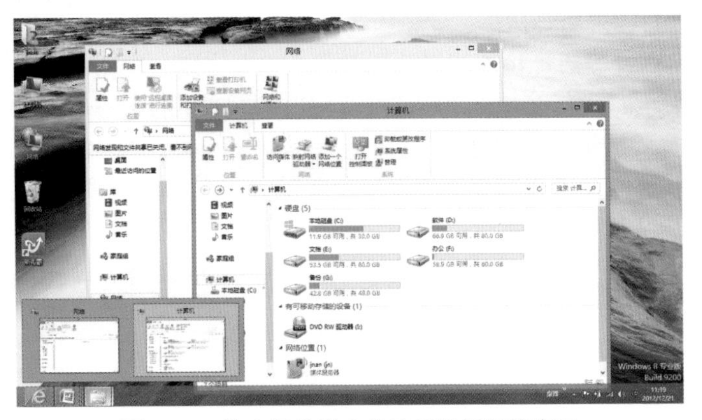

图 2-55 单击任务栏中的按钮图标切换窗口

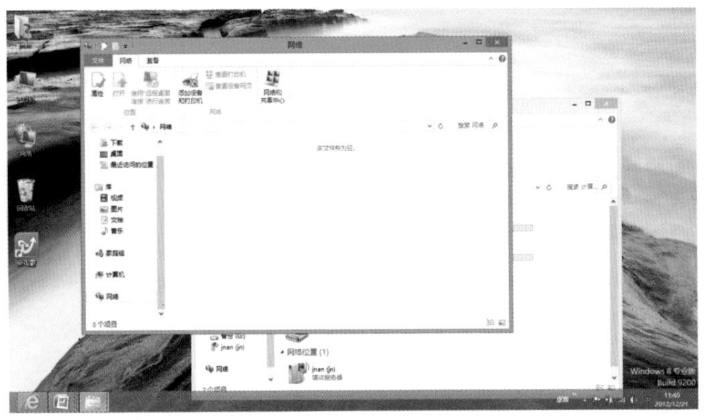

图 2-56 直接单击相应的窗口来切换

2.7 全新的 Metro“开始”屏幕

Metro 是微软公司开发的一种界面，其内部名称为 Typography-based Design Language（基于排版的设计语言）。Metro 是 Windows 8 的主要界面显示风格。全新 Metro 版的“开始”屏幕展现了 Windows 8 操作系统独特的风格和友好的设计理念。Metro 版的“开始”屏幕和经典“开始”菜单最大的相同点就是，都可以通过按键盘上的【Win】键（即【Windows】键，简称为【Win】键）打开，如图 2-57 所示。

图 2-57　键盘上的【Win】键

打开后的“开始”屏幕如图 2-58 所示。Motro 界面中各个图标区域的详细说明如下。

图 2-58　Motro 界面中的各个图标区域说明

- 计算机账户：此处显示的是当前计算机系统的账户名和头像信息，用户可以通过单击该图标来进行更换头像、锁定及注销系统等操作。
- 磁贴区域：磁贴区域中显示的是用户从应用商店中下载的 Metro 版应用程序图标及手动添加到“开始”屏幕中的程序图标。在“开始”屏幕中显示的应用程序磁贴还可以动态显示最新程序信息（如新闻、天气等）。

- 缩小：单击此处的“缩小”按钮▬，可缩小“开始”屏幕中磁贴的大小，这样可以在“开始”屏幕应用程序数量众多的情况下轻松找到需要的程序，如图 2-59 所示。

图 2-59 缩小磁贴后的 Metro 桌面

- 滚动条：要调整显示的磁贴区域，只要用鼠标左键按住滚动条进行左右拖动即可。

2.8 正确退出 Windows 8

用户在最初使用计算机时就要养成正确关机的好习惯，当不再使用计算机时，应该及时关闭计算机。退出 Windows 8 时，用户不能像关闭其他家用电器一样直接关闭电源，否则会造成数据丢失或硬件设备的损坏。

2.8.1 关闭计算机

关闭计算机前，用户首先需要关闭正在运行的所有程序，然后使用 Windows 8 系统中的关闭功能退出系统，最后关闭显示器电源。具体的操作步骤如下。

（1）将鼠标指针置于屏幕右下角，在弹出的选项中单击“设置”按钮，如图 2-60 所示。

（2）在打开的“设置”界面中单击“电源”按钮，然后在弹出的菜单中选择“关机”命令，如图 2-61 所示，这样即可安全关闭计算机了。

图 2-60　单击“设置”按钮

图 2-61　选择“关机”命令

2.8.2　重新启动计算机

用户在使用计算机的过程中会有重启计算机的需求。重新启动计算机与关闭计算机的操作基本相同，唯一的区别在于，用户在单击“电源”按钮后弹出的菜单中选择“重启”命令，如图 2-62 所示。重启计算机是指关机后立即自动重新启动计算机，用户无须按计算机的开机按钮。

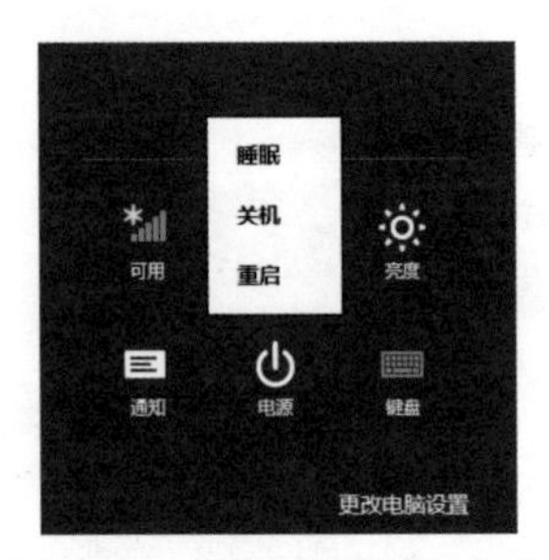

图 2-62 选择“重启”命令

2.8.3 让计算机进入睡眠状态

计算机的睡眠状态是一种节能状态。在启动睡眠状态时，计算机会将运行的数据全部保存在硬盘中，然后启动睡眠状态。当计算机再次启动时，系统自动将硬盘中保存的数据调入内存，使计算机恢复到睡眠前的状态。让计算机进入睡眠状态的方式同关机基本相同，只需在单击“电源”按钮后弹出的菜单中选择“睡眠”命令即可，如图 2-63 所示。

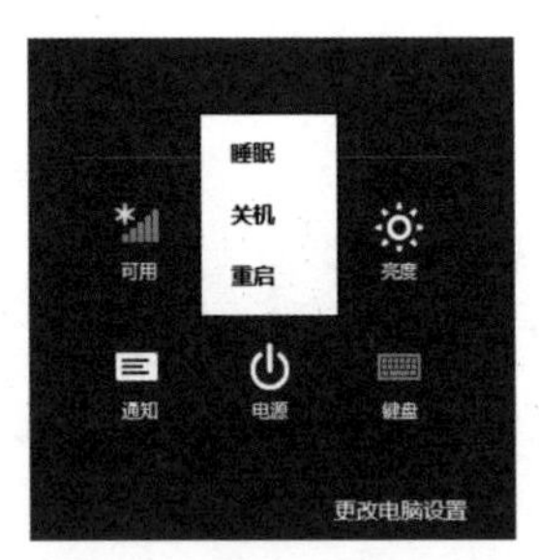

图 2-63 选择“睡眠”命令

打造个性化 Windows 8

Windows 8 与之前的 Windows 操作系统一样，用户可以对桌面、窗口进行个性化设置，甚至可以个性化设置计算机名称，这些都可以通过手动操作来轻易实现。

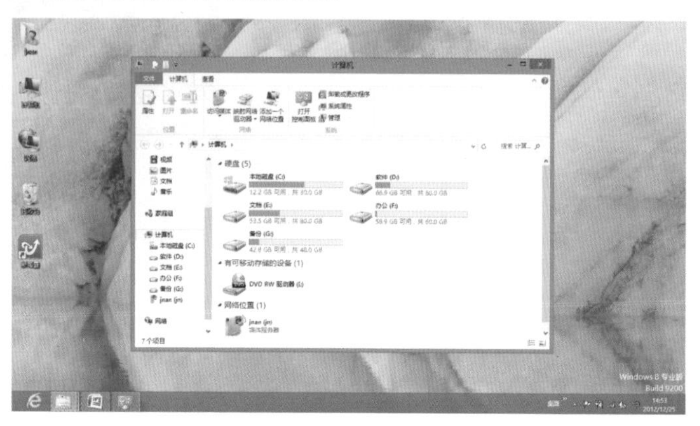

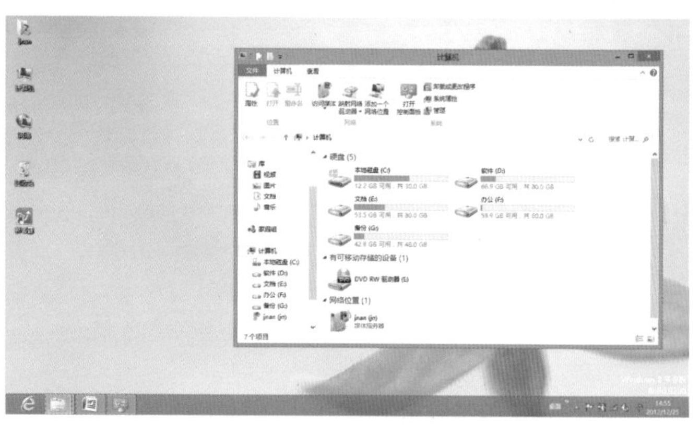

3.1 Windows 8 的外观和主题设置

在 Windows 8 操作系统中，用户可以更大程度地进行外观和主题等设置。这些设置可以在“个性化”窗口和“控制面板”窗口中进行。

打开“个性化”窗口的具体步骤为：在计算机桌面的空白处单击鼠标右键，在弹出的快捷菜单中选择“个性化”命令，如图 3-1 所示，打开“个性化”窗口，如图 3-2 所示。

图 3-1　选择“个性化”命令

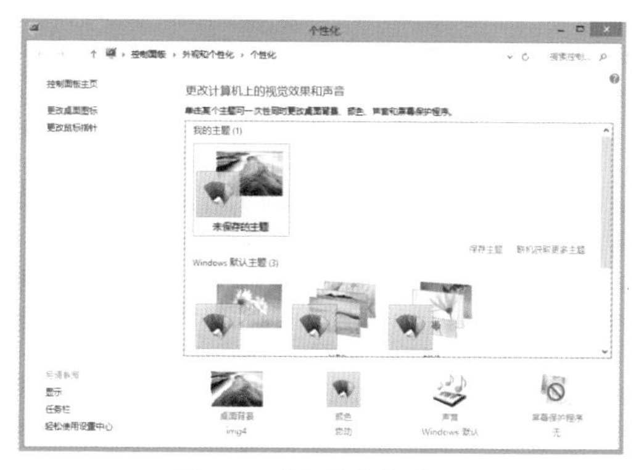

图 3-2　“个性化”窗口

打开“控制面板”窗口的具体步骤为：双击桌面上的“计算机”图标，然后在打开的“计算机”窗口中单击“打开控制面板”按钮，如图 3-3 所示。打开“控制面板”窗口，如图 3-4 所示。

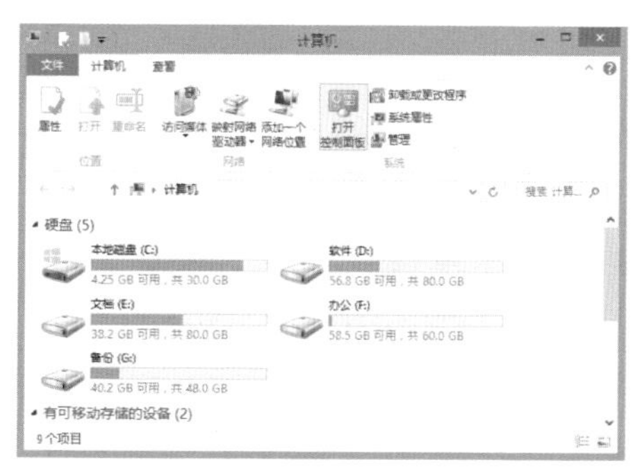

图 3-3　单击“打开控制面板”按钮

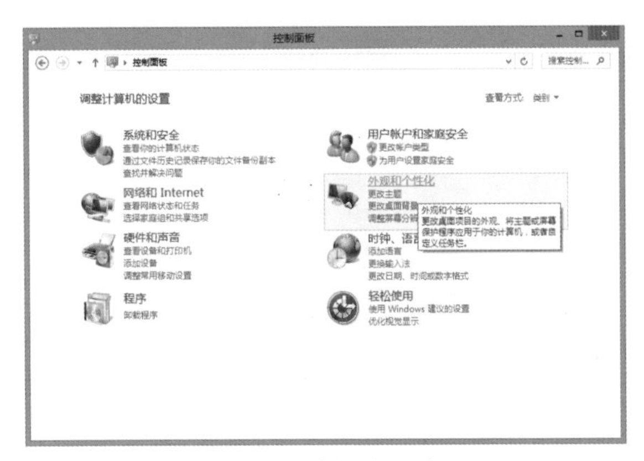

图 3-4 “控制面板”窗口

3.1.1 更换 Windows 8 的主题

Windows 8 操作系统为用户提供了多种 Windows 主题，这些主题可以帮助用户快速地更改操作系统的桌面背景、窗口颜色、声音和屏幕保护程序等元素。

更换主题是在“个性化”窗口中进行的。首先打开“个性化”窗口，如图 3-5 所示。用户可以在“Windows 默认主题”选项组中选择其他主题，如选择“地球”主题，则该主题的窗口和桌面效果如图 3-6 所示。

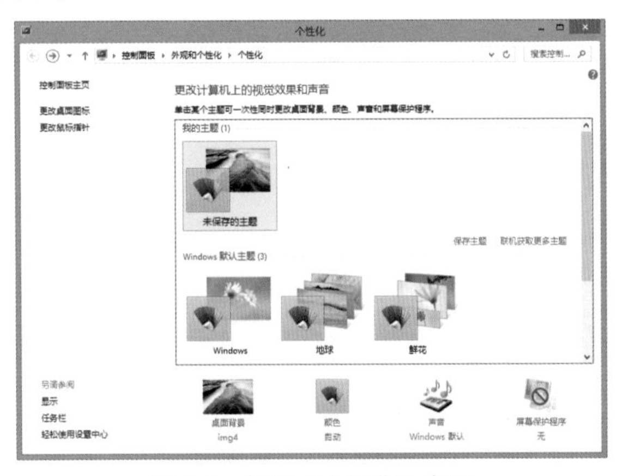

图 3-5 打开“个性化”窗口

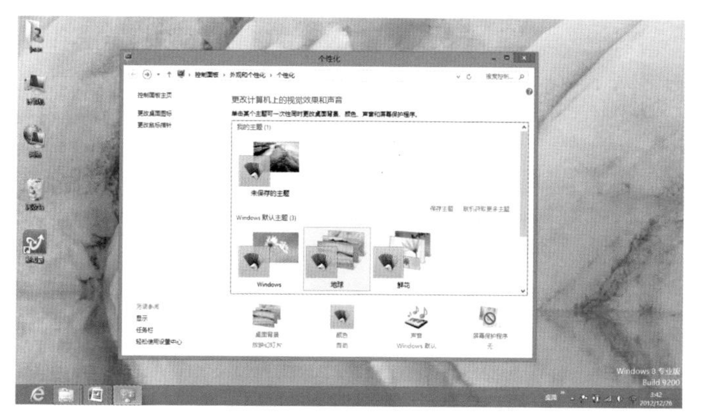

图 3-6　“地球”主题的窗口和桌面效果

3.1.2　窗口的颜色与外观设置

在 Windows 8 操作系统中，用户可以自定义窗口的颜色和外观。

打开“个性化”窗口，单击“颜色”图标，如图 3-7 所示，打开“颜色和外观”窗口，在其中可更改窗口边框和任务栏的颜色，如图 3-8 所示。

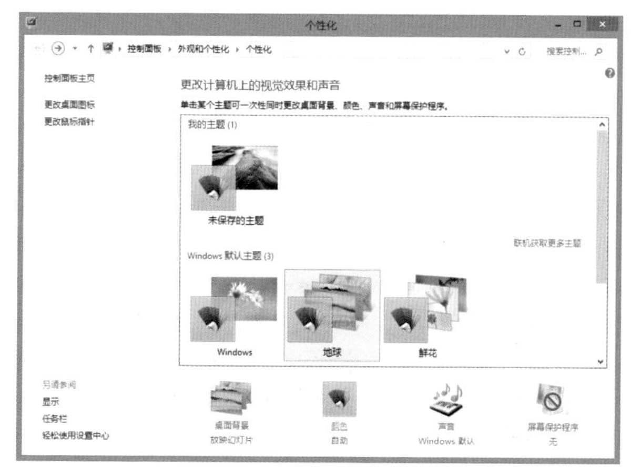

图 3-7　单击“颜色”图标

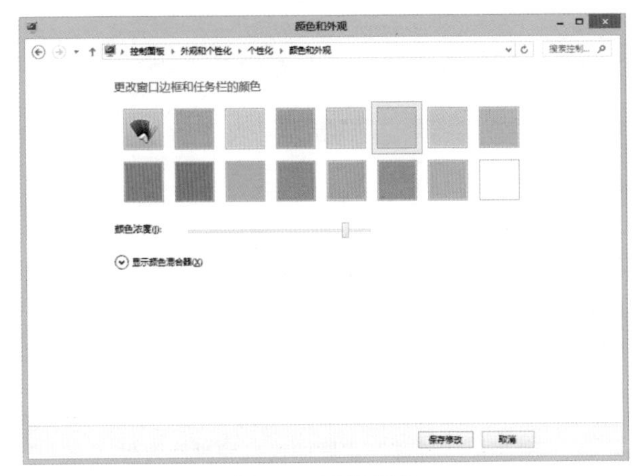

图 3-8　选择颜色

3.1.3　设置桌面背景

桌面背景在第 2 章中有所介绍，具体设置步骤如下。

（1）打开“个性化”窗口，单击“桌面背景”选项，打开“桌面背景”窗口，用户可以在其中设置桌面背景。单击“浏览”按钮，选择桌面背景图片的存放位置，然后选择桌面背景图片，设置图片位置为“填充”，最后单击“保存更改”按钮，如图 3-9 所示。

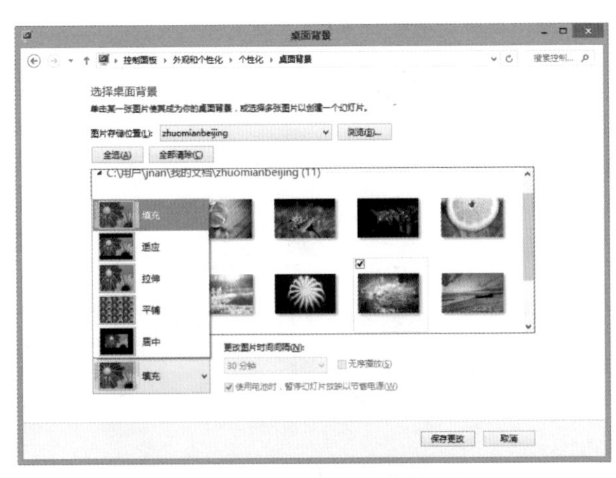

图 3-9　设置桌面背景

（2）设置完成后的效果如图 3-10 所示。

图 3-10　设置后的效果

3.1.4　自定义系统声音

系统声音是指 Windows 在执行各种操作时系统发出的声音，如计算机开机时的声音、打开 / 关闭程序的声音、操作错误时的报警声等。自定义系统声音的具体操作步骤如下。

（1）单击“个性化”窗口中的“声音”图标，打开“声音”对话框，切换到“声音”选项卡，如图 3-11 所示。在“程序事件”列表框中选择需要自定义声音的程序事件，这里以“已发现源”程序事件为例。

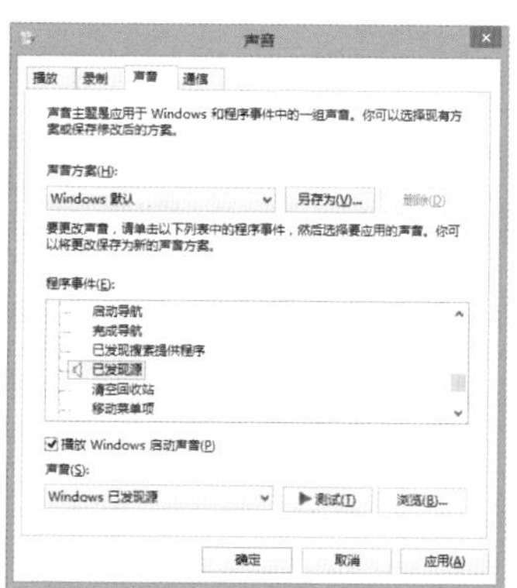

图 3-11　“声音”对话框的“声音”选项卡

（2）单击“浏览”按钮，打开“浏览新的 已发现源 声音。”对话框，在其中选择要使用的声音文件，如图 3-12 所示，然后单击“打开”按钮。

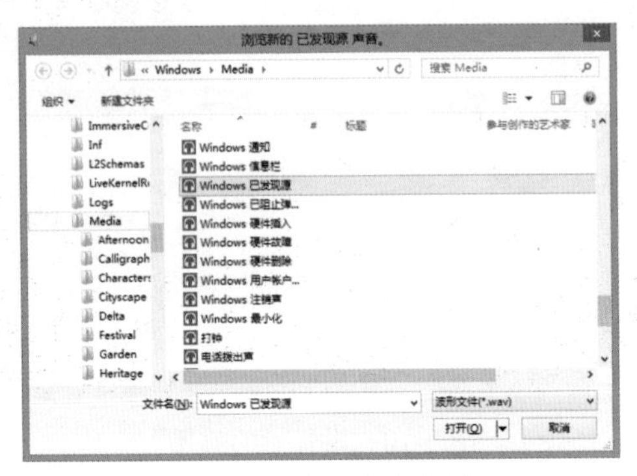

图 3-12　选择声音文件

（3）返回“声音”对话框，最后单击“确定”按钮保存声音设置，如图 3-13 所示。

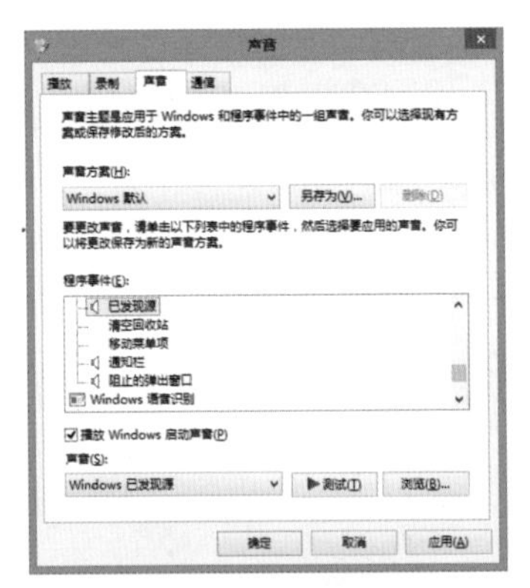

图 3-13　保存声音设置

3.1.5　快速更改桌面图标

在 Windows 8 系统中，桌面图标是可以自定义样式和大小的，具体操作步骤如下。

（1）单击“个性化”窗口中的“更改桌面图标”链接，打开

“桌面图标设置”对话框，勾选要修改的桌面图标的复选框，如要修改“计算机”图标，则选择“计算机”复选框，然后单击“更改图标”按钮，如图 3-14 所示。

图 3-14　勾选桌面图标复选框后单击“更改图标”按钮

（2）在弹出的“更改图标”对话框中，用户可自行在计算机的文件夹中或者在列表框中选择喜欢的图标，如图 3-15 所示，然后单击“确定”按钮。

（3）返回“桌面图标设置”对话框，此时可以看到“计算机”图标已经更改，如图 3-16 所示，最后单击“确定”按钮保存设置即可。

图 3-15　选择图标

图 3-16　更改图标后的效果

3.1.6 更改显示器分辨率

分辨率是指单位面积显示像素的数量。对于 CRT 显示器而言，只要调整电子束的偏转电压，就可以改变分辨率。液晶显示器的物理分辨率是固定不变的，因此要更改分辨率就复杂得多了，必须通过运算来模拟显示效果，而实际的分辨率是没有改变的。由于并不是所有的像素同时放大，因此存在着缩放误差。当液晶显示器在非标准分辨率下使用时，文本显示效果会变差，文字的边缘会被虚化。

更改显示屏分辨率的具体步骤如下。

（1）在桌面的空白处单击鼠标右键，在弹出的快捷菜单中选择“屏幕分辨率”命令，如图 3-17 所示。

图 3-17 选择“屏幕分辨率”命令

（2）打开“屏幕分辨率”窗口，单击“分辨率”下拉按钮，可根据计算机显示器的实际情况上下拖动滑块设置分辨率，如图 3-18 所示。

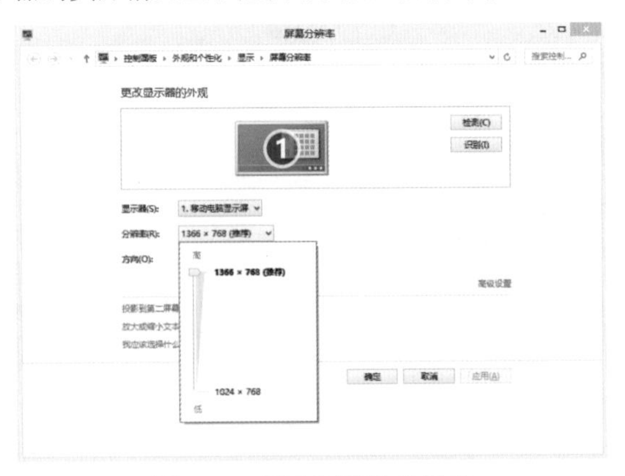

图 3-18 更改屏幕的分辨率

3.2　鼠标设置

鼠标是计算机最基本的输入设备之一，Windows 操作系统中的几乎所有的用户操作都要用到鼠标。在 Windows 8 系统中，用户可以根据自己的实际情况对鼠标进行一些调整。

3.2.1　更改鼠标指针形状

打开“个性化”窗口，单击“更改鼠标指针”链接，打开“鼠标 属性”对话框，切换到“指针”选项卡，在“方案”下拉列表框中选择一个方案，然后在“自定义”列表框中选择一种鼠标指针形状即可，如图 3-19 所示。

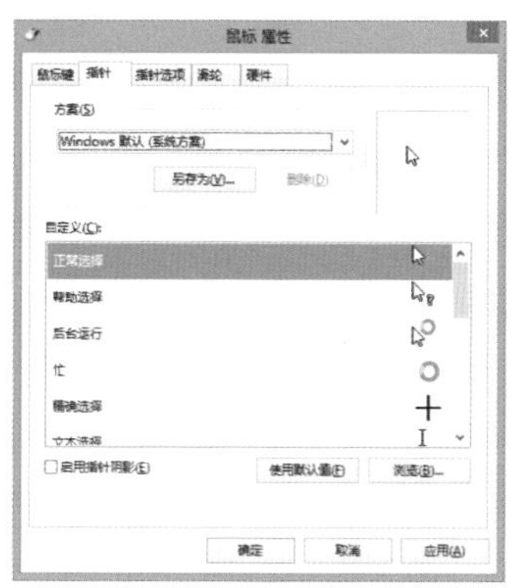

图 3-19　鼠标指针设置

3.2.2　更改鼠标按键属性

由于用户使用鼠标的习惯不同，可能有些用户会使用左手操作鼠标，这时就需要将鼠标的左键与右键功能相互对换，以满足用户的习惯需求。此外，还可以通过设置鼠标按键的属性来改变鼠标的双击速度等。

打开“鼠标 属性”对话框，切换到“鼠标键”选项卡，从中即可对鼠标按键进行设置，如图 3-20 所示。勾选“鼠标键配置”选项组中的“切换主要和次要的按钮”复选框，即可互换鼠标左键和右键的功能，默认状态为不勾选。在“双击速度”选项组中，用户还可拖动“速度”滑块调整鼠标双击的速度。设置完成后单击“确定”按钮即可。

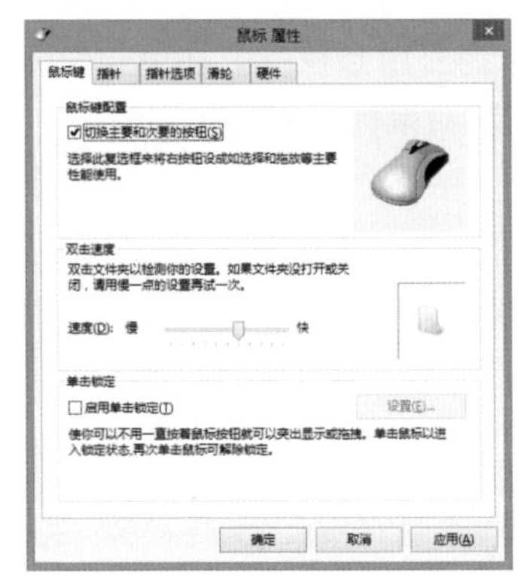

图 3-20 “鼠标键”选项卡

3.2.3 更改鼠标指针的移动方式

在使用计算机的过程中，有时用户会觉得鼠标指针移动得太快或者太慢，从而影响正常使用。那么，怎样调整鼠标指针的移动速度呢?

打开“鼠标 属性”对话框，切换到“指针选项”选项卡，如图 3-21 所示。在“移动”选项组中，拖动滑块可设置鼠标指针的移动速度，设置完成后单击“确定”按钮即可。

图 3-21 “指针选项”选项卡

3.3　日期和时间设置

启动 Windows 8 操作系统后，进入桌面，在任务栏的右侧就有日期和时间的显示。用户可根据实际情况进行设置，具体操作步骤如下。

（1）将鼠标指针移动到任务栏右侧的日期和时间上并单击，弹出系统日期和时间界面，如图 3-22 所示，选择“更改日期和时间设置”选项。

图 3-22　系统日期和时间界面

（2）系统将弹出“日期和时间”对话框，如图 3-23 所示。切换到“日期和时间”选项卡，单击“更改日期和时间”按钮。

（3）系统将弹出“日期和时间设置”对话框，如图 3-24 所示，用户可在“日期”和“时间”区域进行修改。

图 3-23　“日期和时间”对话框

图 3-24　“日期和时间设置”对话框

3.4 “开始”屏幕的简单设置

对于 Windows 8 最具个性的“开始”屏幕，前面章节中已经多次提到并进行了简单介绍。与以往的“开始”菜单不同，它采用了 Metro 界面技术，利用图标和文字并存的说明方式，以单独的页面来显示“开始”菜单的功能图标，让用户操作更方便、更简洁。

3.4.1 “开始”屏幕中图标的大小更改

在“开始”屏幕中，用户可以对图标大小进行更改，具体操作步骤如下。

（1）打开“开始”屏幕，选中需要更改的图标后右击，如图 3-25 所示，这里以“天气”图标为例进行说明。

图 3-25 右击“天气”图标

（2）此时在屏幕的下方会出现操作选项界面，单击“缩小”按钮，如图 3-26 所示。

图 3-26 单击“缩小”按钮

（3）缩小后的“天气”图标仅为原来的一半，效果如图 3-27 所示。

图 3-27 缩小后的“天气”图标效果

3.4.2　调整“开始”屏幕上图标的位置

在“开始”屏幕中，用户还可以调整程序图标的位置。用户只需按住鼠标左键拖动所需调整的图标即可调整程序图标的位置。如图 3-28 所示为调整图标位置前的效果，如图 3-29 所示为调整“天气”图标位置后的效果。

图 3-28　调整图标位置前的效果

图 3-29　调整图标位置后的效果

3.5　更改计算机名称

在使用计算机的过程中，当局域网中的不同机器需要实现相互访问时，可能需要用到计算机的名称。更改计算机名称后，更加便于其他用户进行查找。下面介绍更改计算机名称的具体操作。

（1）右击计算机桌面上的“计算机”图标，在弹出的快捷菜单中选择“属性”命令，如图 3-30 所示。

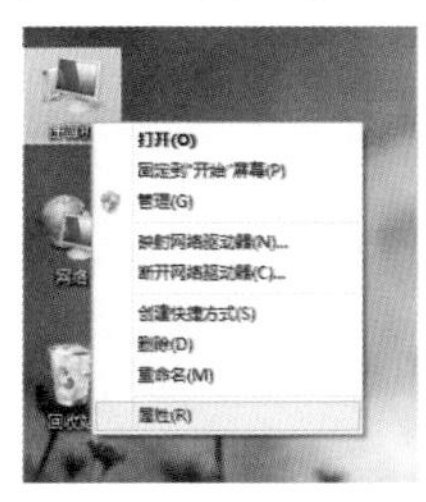

图 3-30　选择“属性”命令

（2）系统将弹出“系统”窗口，如图 3-31 所示，单击“更改设置”选项。

（3）此时弹出“系统属性”对话框，切换到“计算机名”选项卡，单击“更改”按钮，如图 3-32 所示。

图 3-31 “系统”窗口

（4）系统将弹出“计算机名 / 域更改”对话框，在“计算机名”文本框中输入计算机名，单击“确定”按钮保存设置，如图 3-33 所示。

图 3-32 “计算机名”选项卡

图 3-33 输入计算机名

Windows 8 文件和文件夹管理

在 Windows 8 操作系统中，计算机中所有的数据都是以文件或文件夹的形式存在并存储的，这些文件可以是声音、数字、图片等，也可以是办公软件、应用程序等。随着使用过程中的文件的增多，用户就需要使用文件夹来合理地管理这些文件。

4.1 文件与文件夹基础知识

计算机中的数据资料排放得整齐、规律，最大的功劳就是文件夹。文件夹是用来组织和管理磁盘文件的一种数据结构，形象的解释就是，计算机中专门用于保存和管理文件的一种“夹子”，可以存放多个文件。

Windows 8 系统中的所有数据都是以文件和文件夹的形式保存的，在日常使用计算机的过程中，接触最多的也是文件与文件夹，因此掌握文件与文件夹的知识是最基础的要求。

4.1.1　文件夹与文件的概述

计算机中的文件夹是用来协助用户管理计算机文件的。每一个文件夹对应一块磁盘空间，它提供了指向对应空间的地址，它没有扩展名，因此也就不像文件那样用扩展名来标识。但文件夹有几种类型，如文档、图片、相册、音乐、音乐集等。如图 4-1 所示为计算机中的文件夹。

图 4-1　计算机中的文件夹

计算机文件属于文件的一种，它与普通文件载体不同，是以计算机硬盘为载体存储在计算机中的信息集合。文件可以是文本文档、图片、程序等，如图 4-2 所示。

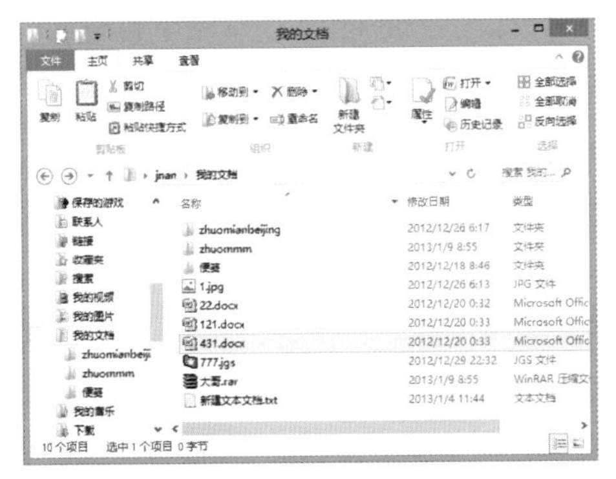

图 4-2　计算机中的文件

4.1.2 文件的类型

文件的类型（或文件的格式）是指计算机为了存储信息而对信息进行的特殊编码方式，用于识别内部储存的资料。比如有的储存图片，有的储存程序，有的储存文字信息等。每一类信息都可以以一种或多种文件格式保存在计算机中。

例如“风景 .jpg”，其中“风景”为文件主名，.jpg 为扩展名，“风景 .jpg”图片如图 4-3 所示。

图 4-3 “风景 .jpg”图片

文件通常具有带有字母的文件扩展名，在文件主名之后，用于指示文件类型。

- 文件主名：文件主名通常由 1 ~ 8 个字符组成，扩展名通常由 1 ~ 3 个字符组成。
- 扩展名：扩展名是操作系统用来标志文件格式的一种机制。通常来说，扩展名是跟在文件名后面的。例如图 4-3 中的文件 1.txt，1 是文件主名，.txt 为扩展名，表示这个文件是一个纯文本文件。

常用文件扩展名与文件类型介绍如下。

- .bmp：Bitmap 位图文件，是 Windows 操作系统中的标准图像文件格式。
- .c：C 语言源程序文件，在 C 语言编译程序下编译使用。
- .doc：目前市场占有率最高的办公软件 Microsoft Office 中的字处理软件 Word 创建的文档。

- .exe：可执行文件。
- .gif：在各种平台的各种图形处理软件上均能够处理的经过压缩的一种图形文件格式。
- .htm：保存超文本描述语言的文本文件，用于描述各种各样的网页，可使用各种浏览器打开。
- .jpg：静态图像专家组制定的静态图像压缩标准。
- .sys：系统文件、驱动程序等。

在 Windows 8 操作系统中，文件的文件主名最多可达到 255 个字符，可以是汉字、英文字母、数字、空格，甚至是特殊符号（!、@、# 等）。其禁止使用的字符有 <、>、/、\、“、:、*、?、|。文件主名可以由用户自行定义，以便于用户的使用和保存。

4.1.3　Windows 资源管理器与“计算机”窗口

Windows 资源管理器是 Windows 8 系统提供的资源管理工具，它条理地显示存放在计算机中的全部文件。用户可以用它查看计算机的所有资源，特别是它提供的树形文件系统结构，使得用户能够方便地对文件进行预览、查看、移动、复制等操作，从而直观地查看计算机中的文件和文件夹。Windows 资源管理器如图 4-4 所示。

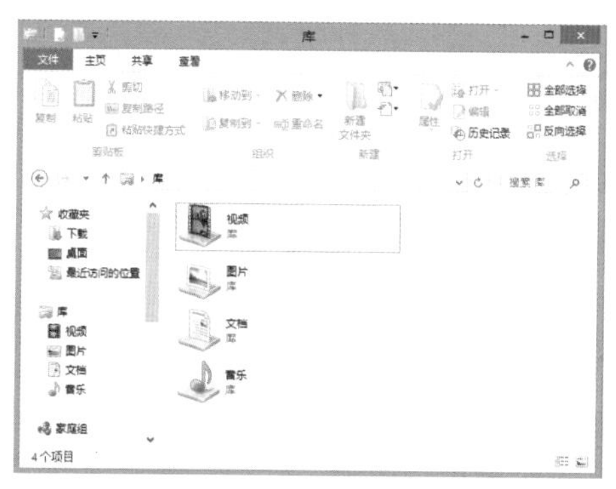

图 4-4　Windows 资源管理器

在 Windows 8 系统中，“计算机”窗口就是以往版本操作系统中的“我的电脑”窗口，如图 4-5 所示。

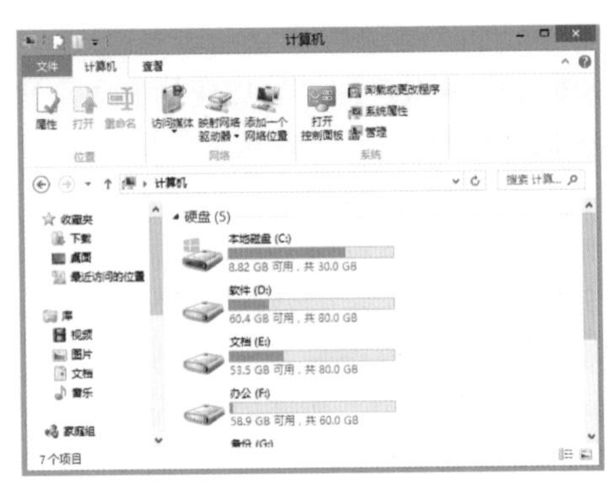

图 4-5 “计算机”窗口

其实，Windows 资源管理器就是计算机。用户使用它可以打开计算机磁盘空间，以帮助用户在不同磁盘空间快速浏览、查找需要的文件或文件夹。

4.2 浏览与查看计算机中的文件和文件夹

本节介绍怎样浏览和查看存放在计算机中的各种文件和文件夹。

4.2.1 浏览文件和文件夹

要浏览存放在计算机中的文件（除可执行文件外）和文件夹，必须依赖与其相对应的应用软件。如常见的 .txt 文件就必须使用“记事本”应用程序才能打开，而常用的 Word 文档则需要专用的 Office 办公软件才能正常打开与浏览。

1. 浏览文件

在 Windows 8 操作系统中，浏览文件有多种方法，用户可根据操作过程中的实际需求选择浏览文件的方法。浏览方法非常简单，分别是双击文件进行浏览、使用“打开”命令进行浏览、使用功能区按钮浏览、在对应的应用程序中打开进行浏览。

- 双击文件进行浏览：这是用户最常用的一种浏览文件的方法，只需双击文件，系统即可自动调用相应的应用程序将其打开，从而进行浏览，如图 4-6 所示。

• 使用“打开”命令进行浏览：Windows 系统的快捷菜单中集合了最常用的文件管理功能命令，打开文件的功能命令自然也不例外。右击要浏览的文件，然后在弹出的快捷菜单中选择“打开”命令，即可将该文件打开并浏览，如图 4-7 所示。

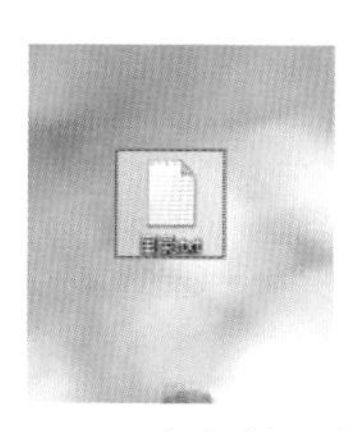

图 4-6 双击文件进行浏览

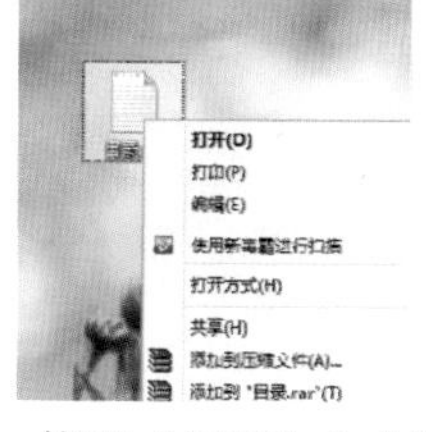

图 4-7 使用“打开”命令浏览

• 使用功能区按钮浏览：Windows 8 操作系统资源管理器的功能区中有非常多的功能，而打开文件正是其中比较常用的功能之一。用户选择需要打开并浏览的文件后，单击功能区“主页”选项卡下“打开”选项组中的“打开”按钮，即可打开文件，如图 4-8 所示。

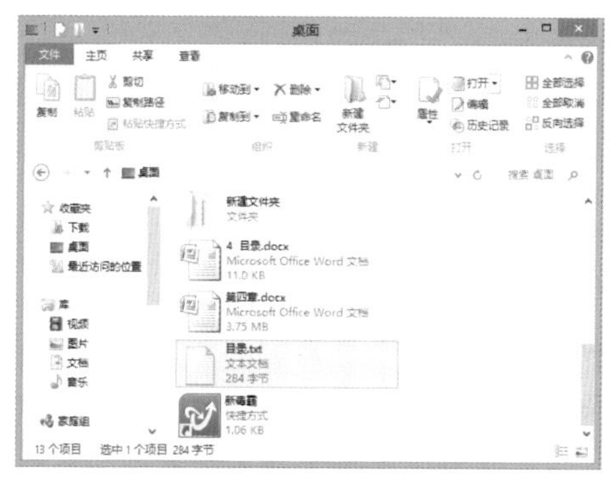

图 4-8 使用功能区按钮浏览

• 在对应的应用程序中打开进行浏览：由于浏览文件需要对应的应用程序，所以只要用户知道浏览该文件所需要使用的应用程序，便可直接在对应的应用程序中直接打开并浏览该文件。以上面的 .txt 文件为例，首先启动可以浏览 .txt 文件的“记事本”应用程序，然后在菜单栏中选择“文件”|“打开”命令，

如图 4-9 所示，接着在弹出的“打开”对话框中选择需要浏览的文件，最后单击“打开”按钮即可打开并浏览该文件，如图 4-10 所示。

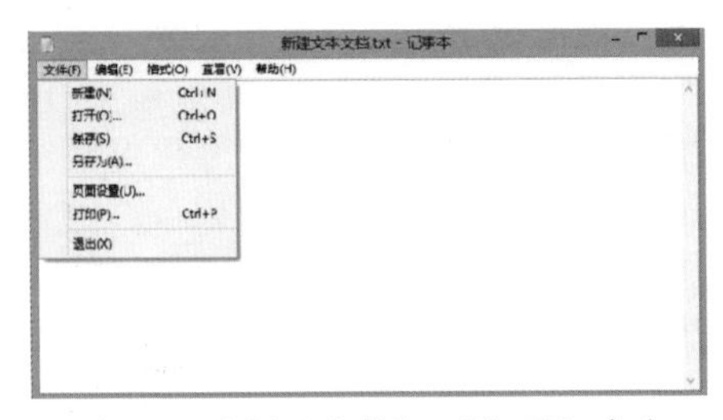

图 4-9　选择“文件”|“打开”命令

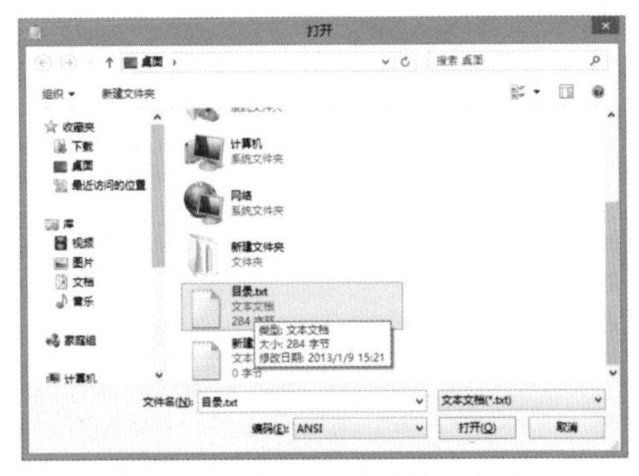

图 4-10　选择所需浏览的文件

2. 浏览文件夹

文件夹是 Windows 资源管理器中的一个非常重要的文件管理工具。通过文件夹，用户可将不同类型、功能的文件分别进行整理和存放。文件夹没有扩展名，也就不像文件那样用扩展名来标识。浏览文件夹的方法有 3 种，分别是双击文件夹进行浏览、使用“打开”命令进行浏览、使用功能区按钮浏览。这 3 种方法与浏览文件相对应的这 3 种方法完全相同，用户可根据浏览文件的操作进行文件夹的浏览。

4.2.2　搜索文件和文件夹

在 Windows 8 操作系统中，搜索功能是很强大的。搜索的界面也更为人性化。用户可以在“计算机”窗口中或 Windows 资源管理器中找到搜索功能。

下面就使用“计算机”窗口中的搜索框进行搜索的步骤进行简单介绍。

（1）双击桌面上的“计算机”图标，打开“计算机”窗口，在窗口功能区的右下方有个搜索框，如图 4-11 所示。

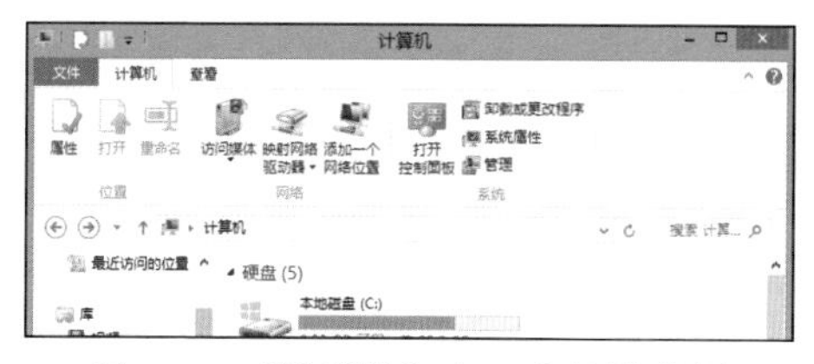

图 4-11　“计算机”窗口中的搜索框

（2）单击搜索框后，在“计算机”窗口中会出现“搜索”选项卡，用户可以从中设置需要搜索的文件条件，如“大小”、“类型”、“修改日期”等。在搜索框中输入需查询的关键字，这时计算机便开始进行搜索，如图 4-12 所示。

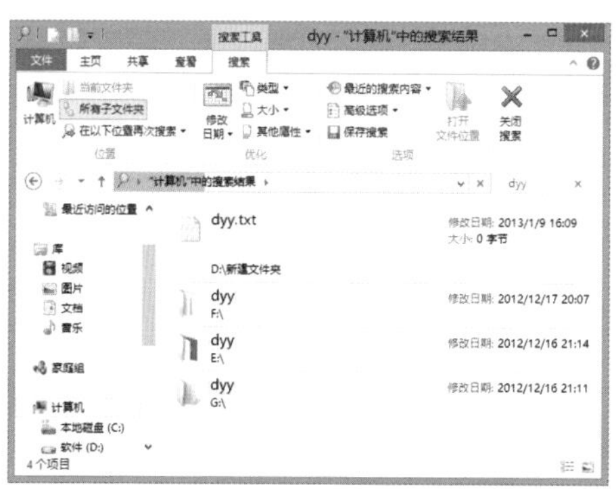

图 4-12　设置搜索条件并进行搜索

搜索框仅在当前目录中搜索，因此只有在根目录“计算机”窗口下才会以整台计算机为搜索范围。例如，进入 E 盘目录下，使用搜索框进行搜索时，系统只在 E 盘中搜索目标文件。如果想在指定的某个文件夹中搜索文件，则需要首先进入此文件目录下，然后在搜索框中输入关键字即可。

4.2.3 改变文件和文件夹的查看方式

文件和文件夹的查看方式是指“计算机”窗口中的文件和文件夹图标的显示方式、排列顺序等。用户可以根据自己的需要自行改变文件和文件夹的显示方式。

在 Windows 8 操作系统中，文件和文件夹的查看方式更为人性化，它以“查看”选项卡的形式呈现出来，让用户一目了然，以便进行更便捷的操作，“查看”选项卡如图 4-13 所示。

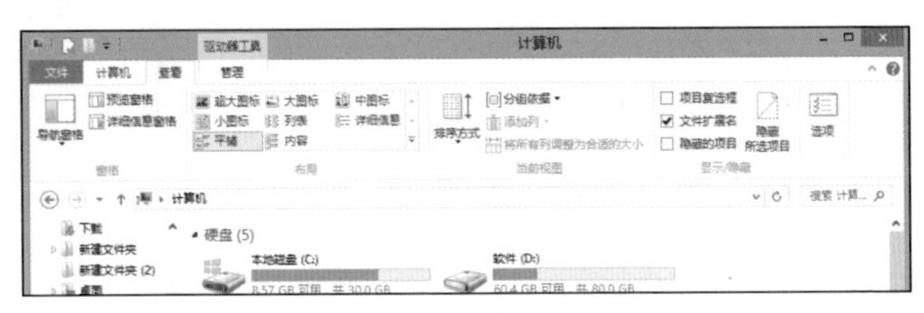

图 4-13 “查看”选项卡

1. 改变文件和文件夹的布局

在 Windows 8 操作系统中，改变文件和文件夹的布局是在“查看”选项卡中完成的。其布局方式有“超大图标”、“大图标”、“中图标”、“小图标”、“列表”、“详细信息”、“平铺”和“内容”，如图 4-14 ~图 4-21 所示。

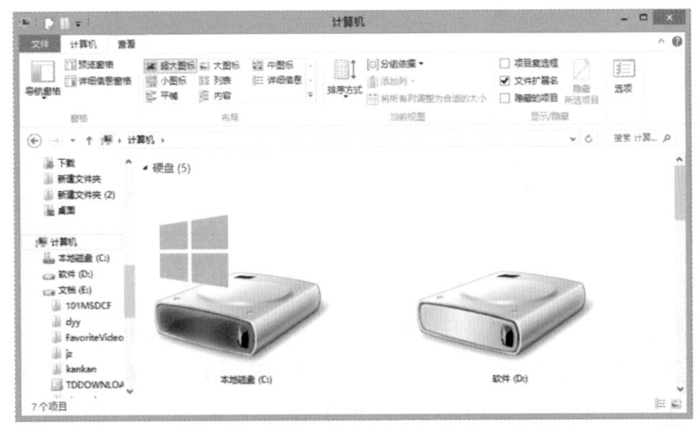

图 4-14 以“超大图标”形式显示

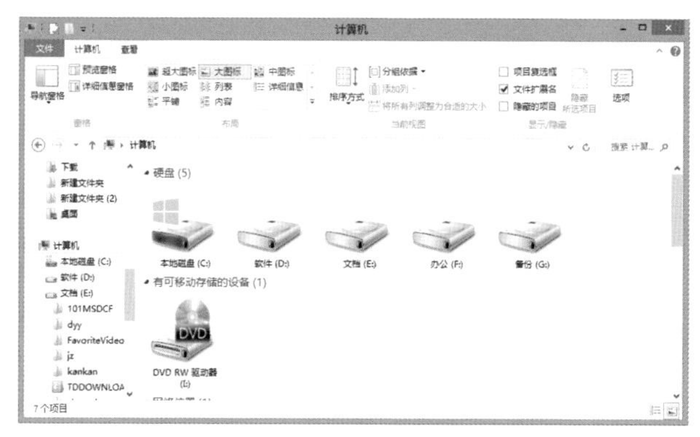

图 4-15　以“大图标”形式显示

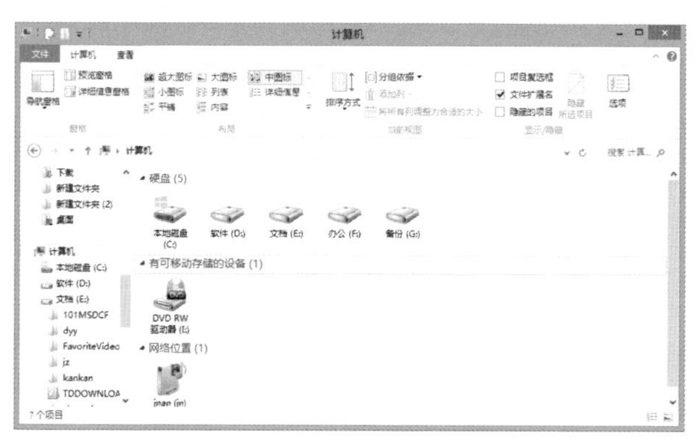

图 4-16　以“中图标”形式显示

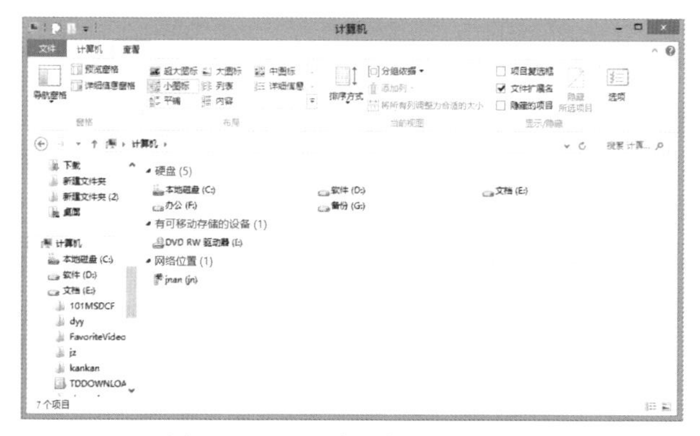

图 4-17　以“小图标”形式显示

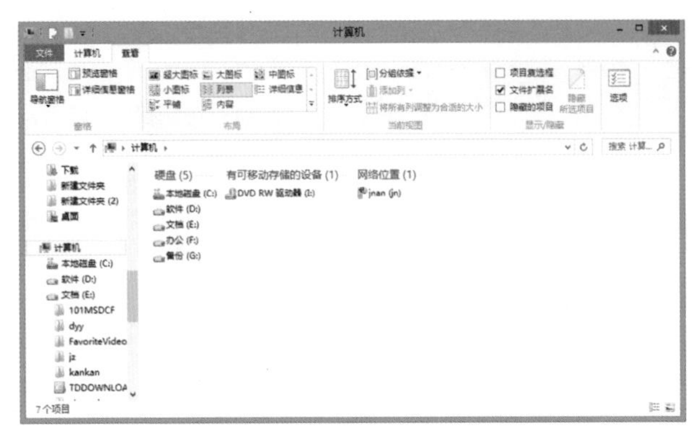

图 4-18 以“列表”形式显示

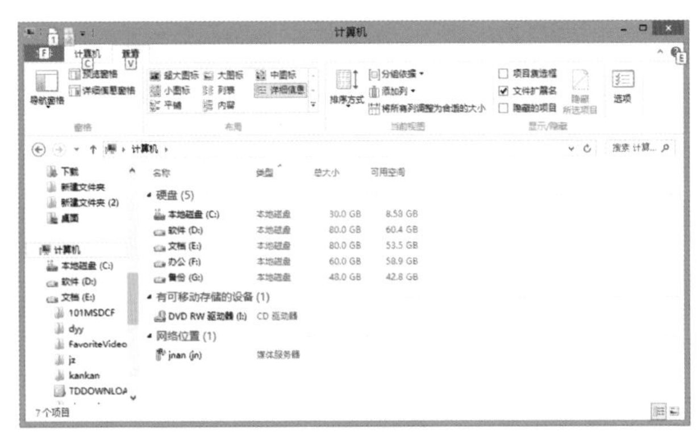

图 4-19 以“详细信息”形式显示

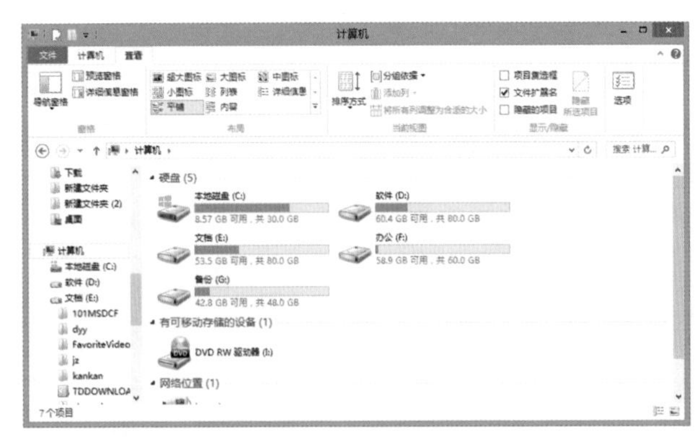

图 4-20 以“平铺”形式显示

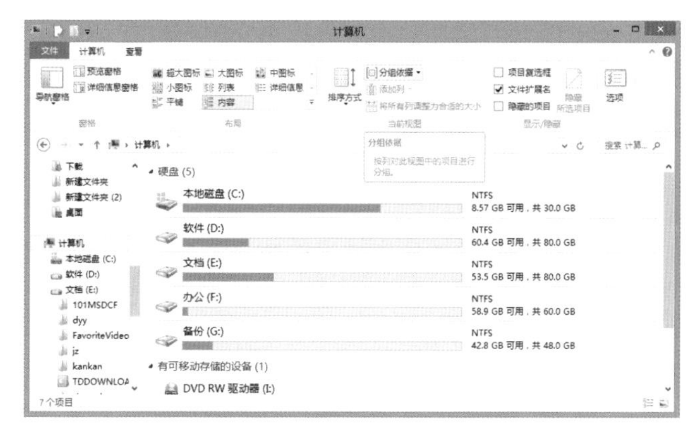

图 4-21　以“内容”形式显示

2. 改变文件和文件夹的排序方式

排序方式是指文件和文件夹排放次序的方式。在 Windows 8 操作系统中，改变文件和文件夹的排序方式也是在“查看”选项卡中完成的。文件和文件夹的排序方式有名称、修改日期、类型、大小、创建日期等，用户可根据自己的实际需求，单击“查看”选项卡下的“排列方式”按钮进行操作，如图 4-22 所示。

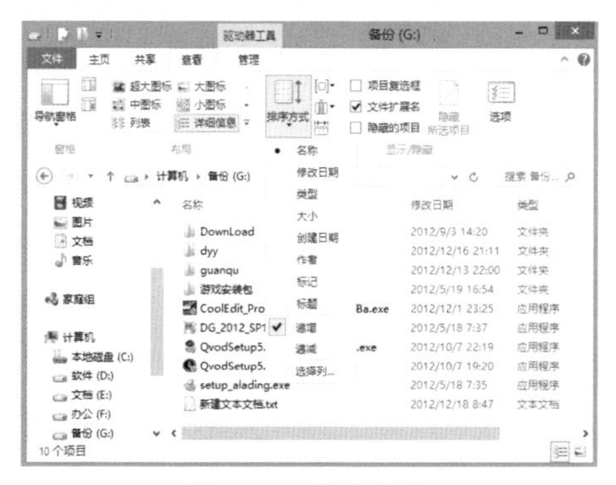

图 4-22　排序方式

4.3　文件与文件夹属性

为了更好地对文件或者文件夹进行操作，计算机用户有时需要查看文件或者文件夹的属性。本节将简单介绍怎样查看和设置文件与文件夹的属性。

4.3.1 查看文件和文件夹属性

查看文件和文件夹的属性，一般使用的方法是，在要查看属性的文件或文件夹上右击，然后在弹出的快捷菜单中选择“属性”命令，如图 4-23 所示。此时即可在弹出的属性对话框中查看文件或者文件夹属性，如图 4-24 所示。

图 4-23　选择“属性”命令

图 4-24　属性对话框

4.3.2 改变文件夹图标

用户可以根据自己的习惯和爱好自定义文件夹的图标。Windows 8 操作系统为用户提供了一个图标库，可供用户进行图标选择。更改文件夹图标的步骤如下。

（1）右击目标文件夹的图标，然后在弹出的快捷菜单中选择“属性”命令，如图 4-25 所示。

（2）系统将打开属性对话框，切换到“自定义”选项卡，然后单击“更改图标”按钮，弹出为文件夹更改图标对话框，用户可在系统图标库中选择自己喜欢的文件夹图标，最后单击“确定”按钮即可，如图 4-26 所示。

图 4-25　选择"属性"命令

图 4-26　选择图标

4.4　文件和文件夹的基本操作

熟悉文件和文件夹的基本操作对于用户管理和控制计算机来说十分重要，具体的操作包括文件和文件夹的创建、选择、复制、移动等。本节主要介绍对文件夹进行的基本操作。对文件的操作同文件夹的操作基本相同，这里不再赘述。

4.4.1　创建文件夹

在 Windows 8 操作系统中，除了系统或软件自动生成的文件夹外，用户为了存储不同的文件信息和对不同的文件分类存储，需要建立新的文件夹。创建文件夹的方法有以下几种，下面对其进行详细介绍。

- 使用快速启动工具栏新建文件夹：直接单击文件夹窗口的快速启动工具栏中的"新建文件夹"按钮，即可新建一个文件夹，如图 4-27 所示。

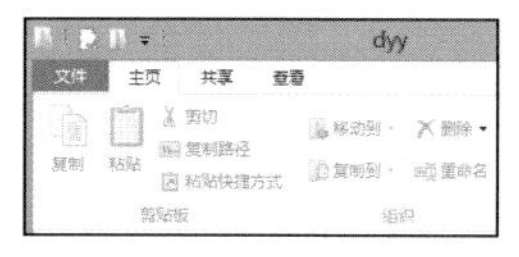

图 4-27　使用快速启动工具栏新建文件夹

• 使用功能区按钮新建文件夹：单击文件夹窗口中“主页”选项卡下“新建”选项组中的“新建文件夹”按钮，即可新建文件夹，如图 4-28 所示。

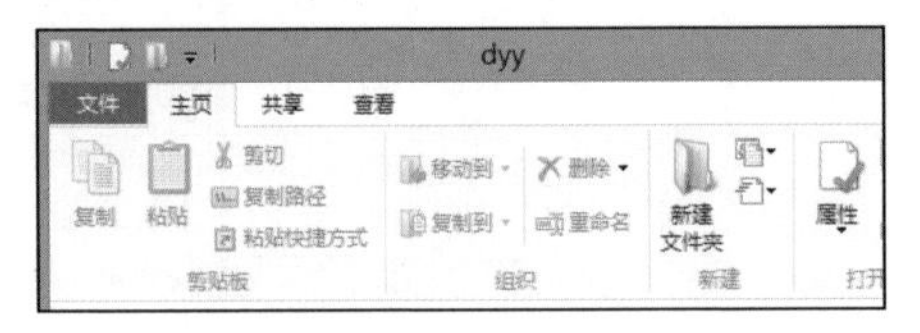

图 4-28　使用功能区按钮新建文件夹

• 使用快捷菜单命令新建文件夹：这是自微软公司发布 Windows 操作系统以来用户使用最广泛的新建文件夹的方法。在文件夹窗口中的空白处右击，在弹出的快捷菜单中选择“新建”|“文件夹”命令，即可新建文件夹，如图 4-29 所示。

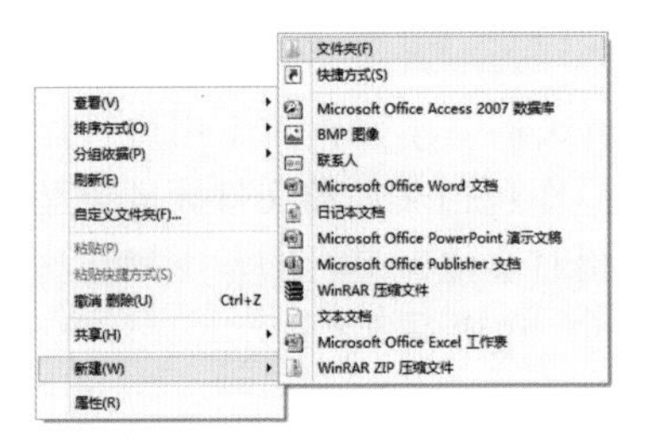

图 4-29　使用快捷菜单命令新建文件夹

使用以上 3 种方法新建的文件夹，如图 4-30 所示。

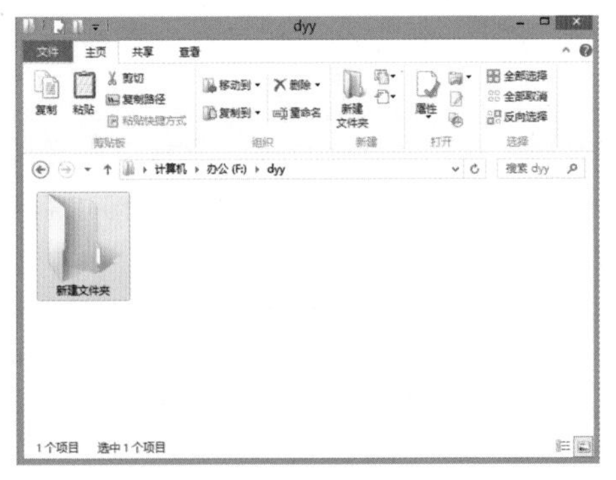

图 4-30　新建的文件夹

4.4.2　重命名文件夹

新建文件夹后，文件夹的默认名称为“新建文件夹”，为了便于区分，可为文件夹重命名。文件夹的重命名非常简单，下面介绍具体操作步骤。

（1）右击需要重命名的文件夹，在弹出的快捷菜单中选择“重命名”命令，如图 4-31 所示。

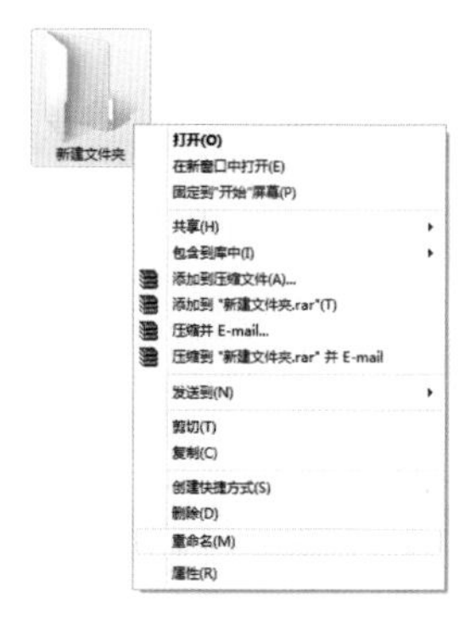

图 4-31　选择“重命名”命令

（2）此时，文件夹名为可编辑状态，如图 4-32 所示。用户使用键盘输入文件夹的名称，然后按【Enter】键，即可完成文件夹的重命名，如图 4-33 所示。

图 4-32　文件夹名为可编辑状态

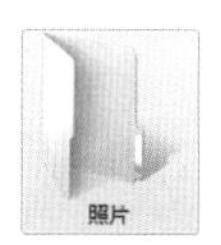

图 4-33　重命名后的文件夹

4.4.3　创建文件夹快捷方式

在所有的 Windows 系列操作系统中，包括应用程序、文件夹、图片、视频、文本在内的所有文件，都可以利用快捷方式快速启动。在 Windows 8 操作系统中，用户可以使用以下两种方式创建文件夹快捷方式。

• 使用“桌面快捷方式”命令创建文件夹快捷方式：在需创建快

捷方式的文件夹上右击，然后在弹出的快捷菜单中选择“发送到”|“桌面快捷方式”命令，如图 4-34 所示，即可在桌面上创建该文件夹的快捷方式，如图 4-35 所示。

图 4-34　选择“发送到”|“桌面快捷方式”命令

图 4-35　在桌面上创建的快捷方式

• 使用“创建快捷方式”命令创建文件夹快捷方式：在需要创建快捷方式的文件夹上右击，在弹出的快捷菜单中选择“创建快捷方式”命令，如图 4-36 所示，即可创建文件夹的快捷方式，如图 4-37 所示。

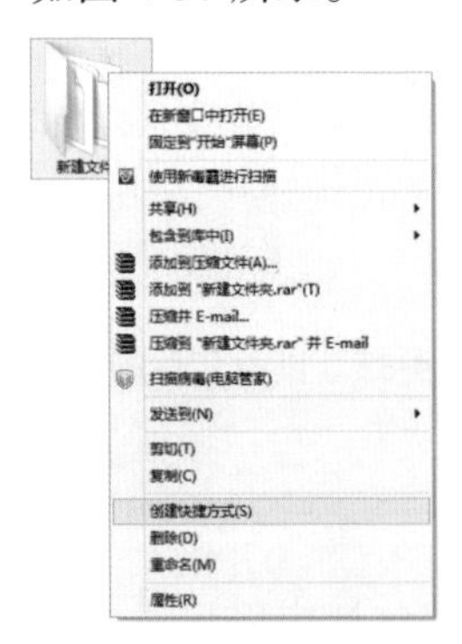

图 4-36　选择“创建快捷方式”命令

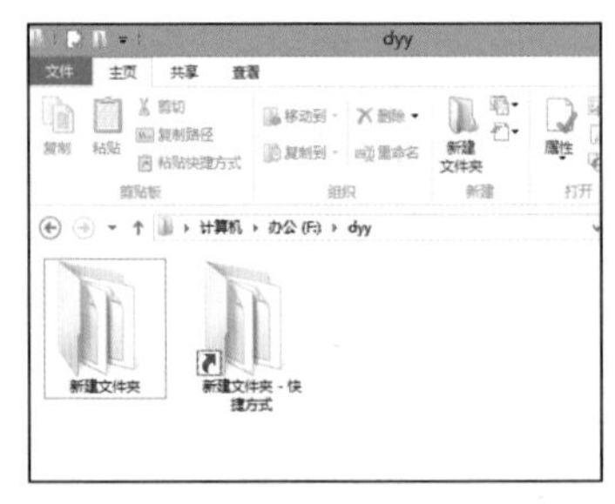

图 4-37　创建的文件夹快捷方式

4.4.4　选中文件或文件夹

选中文件或文件夹一般有 5 种情况：选择单个文件或文件夹、选择多个连续的文件或文件夹、选择多个不连续的文件或文件夹、选择多个相邻的文件或文件夹、选择全部文件或文件夹。

1. 选择单个文件或文件夹

用鼠标单击需选择的单个文件或文件夹，就可以选中该文件或文件夹，如图 4-38 所示。

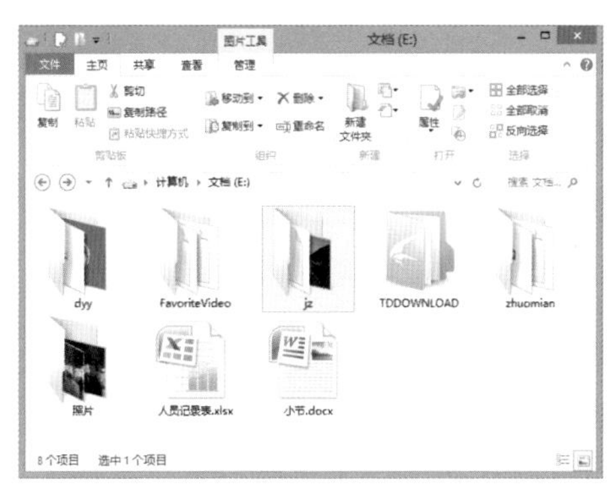

图 4-38　选择单个文件或文件夹

2. 选择多个连续的文件或文件夹

单击要选择的连续文件或文件夹中的第一个文件或文件夹，然后按住【Shift】键单击要选择的连续文件或文件夹中的最后一个文件或文件夹，即可选中多个连续的文件或文件夹了，如图 4-39 所示。

图 4-39　选择多个连续的文件或文件夹

3. 选择多个不连续的文件或文件夹

按住键盘上的【Ctrl】键同时依次单击要选择的文件或者文件夹，就可以选中不连续的文件或文件夹了，如图 4-40 所示。

图 4-40　选择多个不连续的文件或文件夹

4. 选择多个相邻的文件或文件夹

在空白处按住鼠标左键拖动，框选住所有需要选择的文件或者文件夹即可，如图 4-41 所示。

图 4-41　选择多个相邻的文件或文件夹

5. 选择全部文件或文件夹

在窗口中按【Ctrl+A】组合键，即可选择全部的文件或文件夹，如图 4-42 所示。

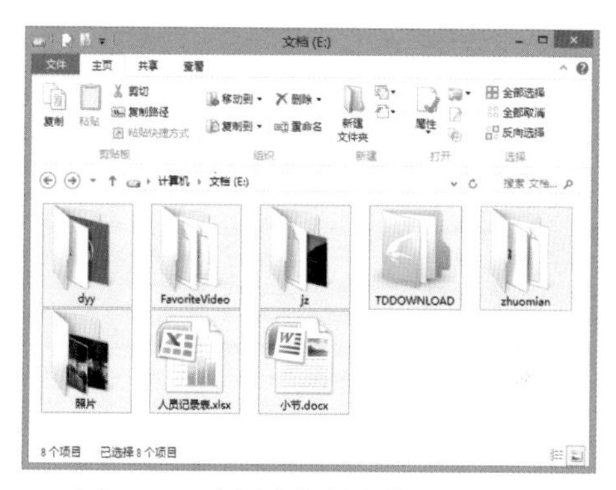

图 4-42 选择全部的文件或文件夹

4.4.5 移动、剪切、复制文件或文件夹

用户在对数据和文件进行整理时，会经常对文件或文件夹进行整体的移动 / 剪切 / 复制操作。

移动是指将文件或文件夹移动到另一位置。用户可以理解为改变此文件或文件夹的放置位置，也可以理解为剪切。

在 Windows 系统中，用户要改变现有文件或文件夹的磁盘空间位置，可以通过“剪切”和“粘贴”命令来实现。其中，“剪切”是将选定的文件或文件夹剪切到剪贴板中，当切换至目标磁盘空间后，使用“粘贴”命令即可将剪贴板中存放的文件或文件夹粘贴到当前磁盘空间位置。例如将 E 盘中的 dyy 文件夹移至 G 盘中，具体操作步骤如下。

（1）右击要移动或剪切的文件夹，在弹出的快捷菜单中选择“剪切”命令，如图 4-43 所示。

（2）切换至目标磁盘空间，在空白处右击，在弹出的快捷菜单中选择“粘贴”命令，如图 4-44 所示。

（3）此时弹出移动文件或文件夹的窗口，从中显示了移动的进度、剩余时间等信息，如图 4-45 所示。

（4）移动完成后，文件夹便移动到了目标磁盘空间位置，如图 4-46 所示。

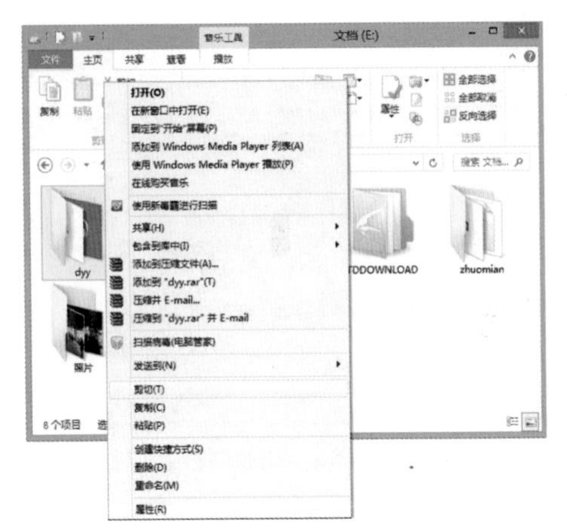

图 4-43　选择“剪切”命令

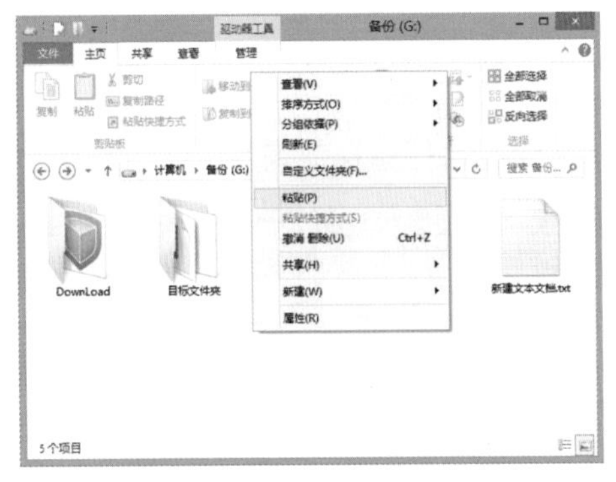

图 4-44　选择“粘贴”命令

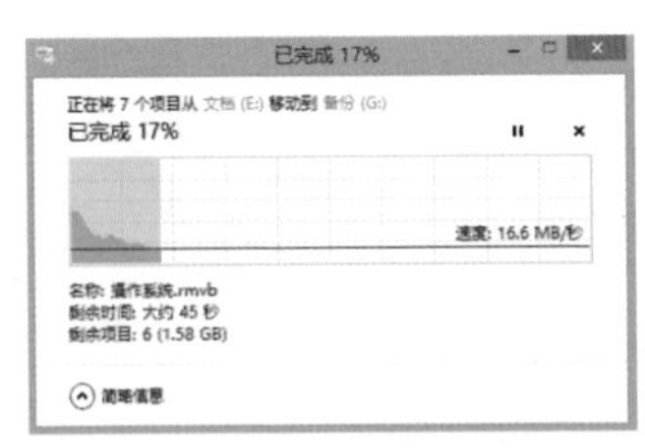

图 4-45　移动文件或文件夹窗口

复制文件或文件夹是指将文件或文件夹复制到目标位置，且原位置的文件或文件夹依然保留。其操作和移动 / 剪切文件或文件夹的方法类似，只要右击要复制的文件夹，然后在弹出的快捷菜单中选择“复制”命令即可，如图 4-47 所示。余下操作与移动 / 剪切文件或文件夹的方法相同，这里不再赘述。

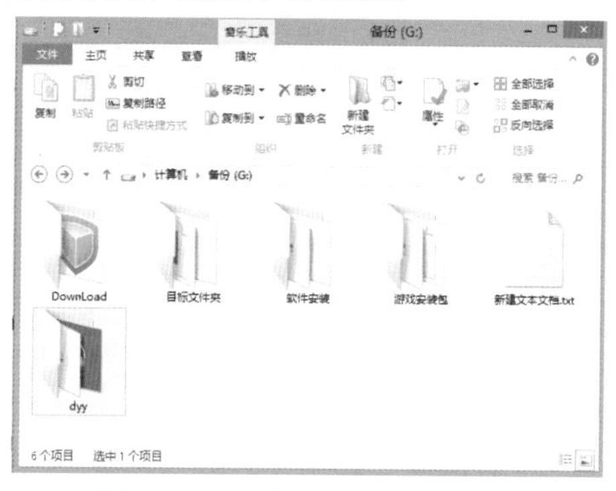

图 4-46　文件夹移到目标位置

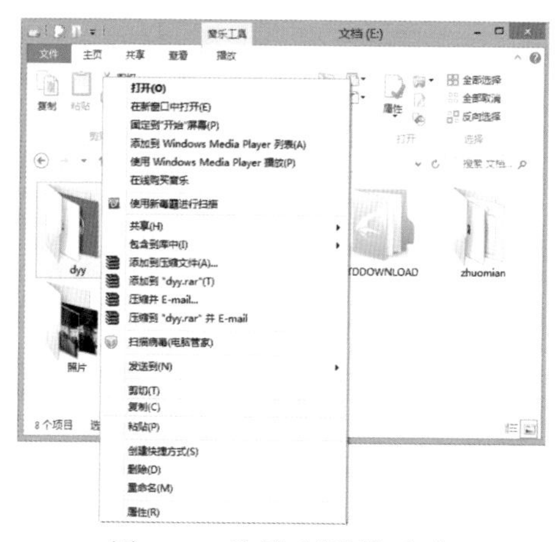

图 4-47　选择“复制”命令

4.4.6　删除文件或文件夹

删除文件或文件夹是 Windows 8 操作系统中最基本的文件或文件夹操作。对于一些不需要或失去使用价值的文件或文件夹，可以将其从计算机中删除。用户只需右击要删除的文件或文件夹，在弹出的快捷菜单中选择“删除”命令，即可将文件或文件夹删除，如

图 4-48 所示。

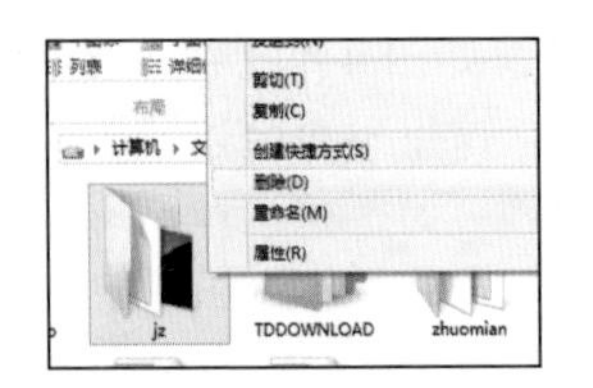

图 4-48　选择“删除”命令

在默认状态下，删除的文件或文件夹是放置在回收站中的，文件并没有被彻底删除。用户如需完全删除文件或文件夹，则需要清空回收站。打开回收站窗口，在功能区中“管理”选项卡下的“管理”选项组中单击“清空回收站”按钮，如图 4-49 所示，然后在弹出的“删除文件”对话框或“删除文件夹”对话框中单击“是”按钮，即可确认删除文件或文件夹。

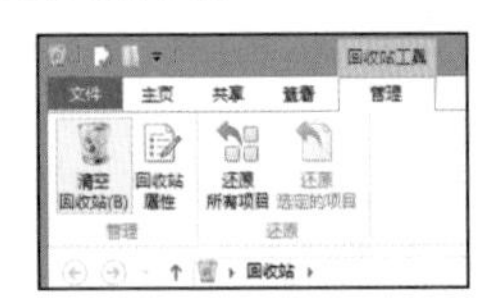

图 4-49　单击“清空回收站”按钮

4.4.7　隐藏含有重要信息的文件夹

用户在使用计算机的过程中，会存放大量的文件信息，而文件夹作为计算机中最重要的存放信息的地方，势必会存储大量私密或机密的重要信息。为防止这些存放了重要信息的文件夹不被随意查看，用户可以将这些文件夹隐藏起来。

具体的操作步骤是：单击所需隐藏的文件夹，然后在窗口功能区的“查看”选项卡下的“显示 / 隐藏”选项组中单击“隐藏所选项目”按钮，即可隐藏文件夹，如图 4-50 所示。

既然能隐藏文件夹，自然也能够将隐藏的文件夹显示出来。用户只需在隐藏了文件夹的窗口功能区的“查看”选项卡下的“显示 / 隐藏”选项组中勾选“隐藏的项目”复选框，即可显示隐藏的文件夹，如图 4-51 所示。

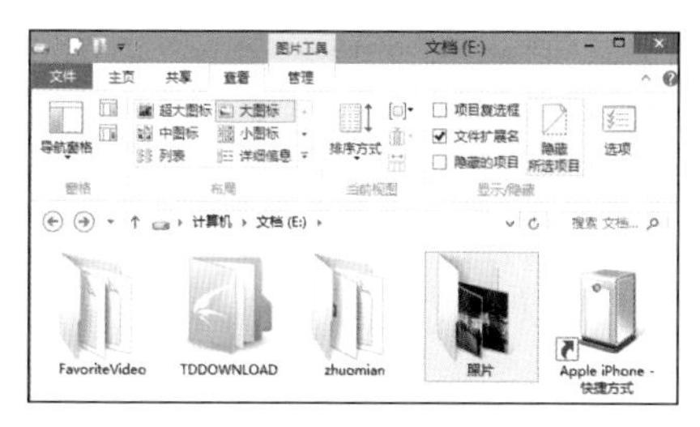

图 4-50　隐藏文件夹

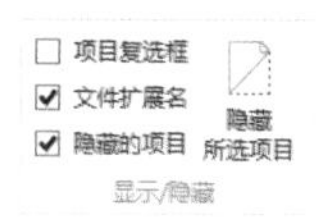

图 4-51　显示隐藏的文件夹

4.5　必知的资源管理器高级功能

Windows 资源管理器不仅具有浏览文件和文件夹的功能，而且还能够对其中的文件和文件夹进行排序、分组和筛选。

通过对文件和文件夹进行排序、分组和筛选，可以让用户轻松找到需要的文件或文件夹，所以说，这是用户不可不知的 Windows 资源管理器的高级功能。

4.5.1　排序文件和文件夹

Windows 8 提供了排序文件和文件夹的功能，用户不仅可以按照名称、修改日期和类型等方式对窗口中的文件和文件夹进行递增或者递减排列，而且还可以通过“选择列”选项来添加更多的排序方式，排序文件和文件夹菜单如图 4-52 所示。

- 排序类型：包括“名称”、“修改日期”、“类型”、“大小”等，这些都是文件或文件夹的属性，用户可以根据自己的实际需要来选择排序类型。
- 排序方式：排序方式与排序类型紧紧相连，它决定了所选排序类型进行的是递

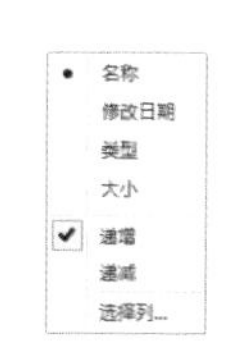

图 4-52　排序文件和文件夹菜单

增排序还是递减排序。

- 选择列：用于添加其他的排序类型，当列表中没有显示自己需要的排序类型时，可利用该选项添加指定的排序类型。

排序文件和文件夹的方法与 4.2.3 小节介绍的“改变文件和文件夹的排序方式”方法类似，这里不再赘述。

4.5.2 分组文件和文件夹

在 Windows 8 中，除了利用功能区中的“分组依据”按钮来分组文件和文件夹之外，还可以利用快捷菜单来进行分组。在窗口中的任意空白处右击，在弹出的快捷菜单中将鼠标指针指向“分组依据”命令，即可在弹出的子菜单中设置分组方式。

分组文件和文件夹是 Windows 8 操作系统提供的另一个资源管理器高级功能，用户可通过该功能对文件和文件夹按“名称”、“修改时间”、“类型”及“大小”等进行分组。用户可以在 Windows 资源管理器窗口功能区的“查看”选项卡下的“当前视图”选项组中找到分组文件和文件夹的功能。用户只需单击“当前视图”选项组中的“分组依据”按钮即可。

- 分组类型：包括名称、修改日期、类型、大小和创建日期等，这些都是文件或文件夹的属性，用户可以根据自己的实际需要来选择分组类型。
- 排序顺序：排序顺序与分组类型紧紧相连，它决定了所选分组类型进行递增排序还是递减排序。
- 选择列：用于添加其他的分组类型，当列表中没有显示需要的分组类型时，可利用该选项添加指定的分组类型。

分组文件和文件夹的方法与 4.2.3 小节介绍的“改变文件和文件夹的排序方式”方法类似，这里不再赘述。

5

输入法的使用及文本的输入

输入法是人与计算机沟通的重要渠道。通过输入法，用户可以非常方便地输入有效文本，从而实现与好友沟通、浏览网页及办公等。

5.1 输入法简介

人们都知道英文有 26 个字母，它们分别对应着键盘上的 26 个键，所以，对于英文来说是不存在输入法的。而除英文外的其他文字，如汉字，它们和键盘却是没有任何对应关系的。为了向计算机中输入汉字，就必须将汉字拆分成更小的属性（如拼音等），并使这些属性与键盘上的按键产生某种联系，从而使人们通过键盘按照某种规律输入汉字，这就是输入法。

5.1.1 认识语言栏

与之前的 Windows 操作系统不同的是，在 Windows 8 操作系统中，默认状态下的语言栏处于关闭状态，取而代之的是位于通知区域的“输入指示”图标M。用户可通过简单的设置开启桌面语言栏，具体操作步骤如下。

（1）单击任务栏通知区域的“输入指示”图标M，如图 5-1 所示，在弹出的列表中选择“语言首选项”选项。

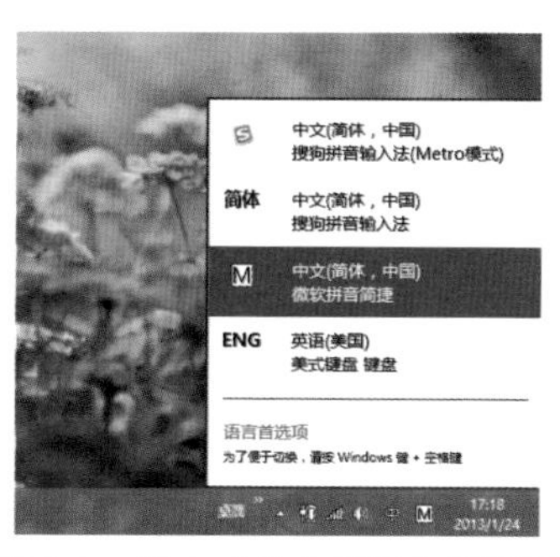

图 5-1　单击“输入指示”图标M

（2）在打开的“语言”窗口中单击“高级设置”链接，如图 5-2 所示。

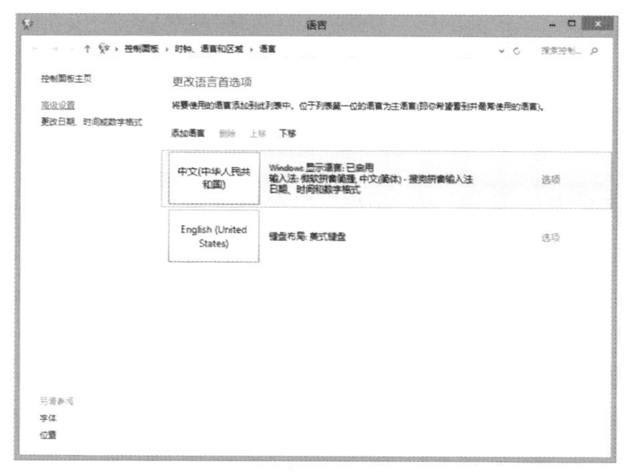

图 5-2　单击“高级设置”链接

（3）在打开的“高级设置”窗口中勾选“使用桌面语言栏”（可用时）复选框，然后单击“保存”按钮，此时即可开启桌面语言栏，如图 5-3 所示。

在通常情况下，语言栏停靠于任务栏右侧，紧靠着通知区域。在语言栏中，用户可以清楚地看到当前的语言状态及输入法信息，如图 5-4 所示。

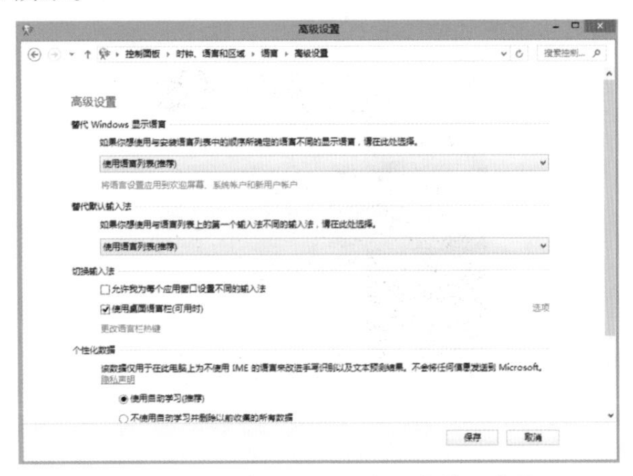

图 5-3　在“高级设置”窗口中设置参数

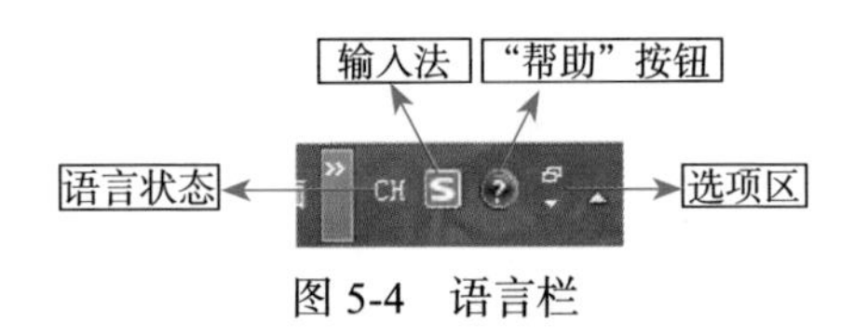

图 5-4　语言栏

• 语言状态：显示当前的语言，在图 5-4 中，语言栏中显示的是 CH，表示当前使用的系统语言为中文。单击该图标，可在展开的列表中选择语言，如图 5-5 所示。

• 输入法：显示当前所使用的输入法，在图 5-4 中显示的是搜狗输入法的图标，表示当前正在使用的输入法是搜狗输入法。单击该图标后，可在展开的列表中选择不同的输入法，如图 5-6 所示。

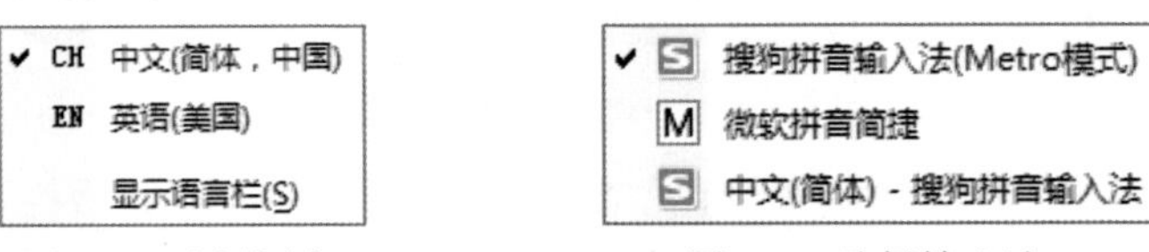

图 5-5　选择语言　　图 5-6　选择输入法

• “帮助”按钮：用户可通过单击“帮助”按钮打开“Windows 帮助和支持”窗口。在“Windows 帮助和支持”窗口中，用户可以获得大量关于 Windows 8 操作系统的使用介绍。

- 选项区：选项区包括两个按钮，分别是“选项”按钮和“还原”按钮。“选项”按钮是语言栏中最关键的一个按钮，单击“选项”按钮后可展开列表，从中用户可以非常方便地对语言栏进行各种设置，如图 5-7 所示。“还原”按钮最主要的作用是还原语言栏的停靠位置，使其悬浮于桌面上，如图 5-8 所示为单击“还原”按钮后的效果。通过这两个按钮，用户可以对语言栏进行自定义设置，使其更加符合用户的使用习惯。

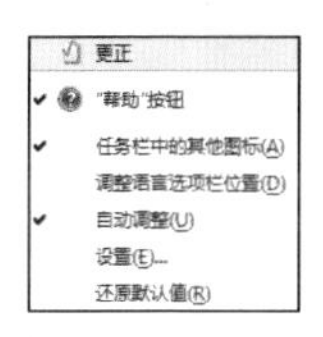

图 5-7　单击“选项”按钮后展开的列表

图 5-8　单击“还原”按钮后的效果

5.1.2　调整语言栏的位置

语言栏的位置并非是一成不变的，当语言栏处于悬浮于桌面上的状态时（如图 5-8 所示），将鼠标指针移动至语言栏左侧，待鼠标指针变成状时按住鼠标左键向任意地方拖动，即可调整语言栏的位置，如图 5-9 所示。

图 5-9　调整语言栏的位置

5.1.3　选择输入法

语言栏的主要功能之一就是提供了输入法，用户通过语言栏可以非常方便地选择与切换输入法。

在语言栏中选择输入法的方法非常简单，下面介绍在语言栏中选择输入法的具体操作步骤。

（1）单击语言栏中的输入法图标，在展开的列表中选择输入法，如图 5-10 所示。

（2）选择输入法之后就可以发现，语言栏中的输入法图标已经改变了，即变成了所选择的输入法图标，这就说明已经成功切换了输入法，如图 5-11 所示。

图 5-10 选择输入法

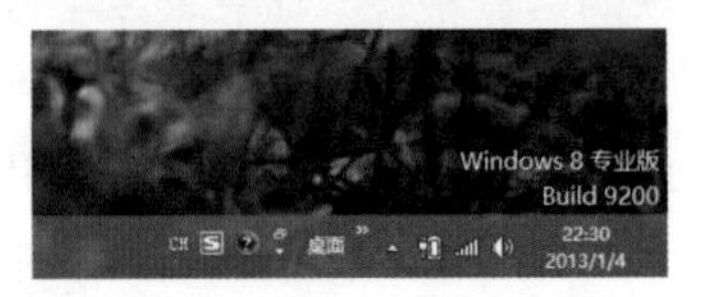

图 5-11 更改输入法之后的效果

需要注意的是，在之前的 Windows 操作系统中，很多用户已经习惯了使用【Ctrl+Shift】组合键选择和切换输入法，而在 Windows 8 操作系统中，该组合键已经改变，取而代之的是【Win+ 空格】组合键。通过这个新的组合键，用户可以在 Windows 8 操作系统中使用键盘快速地选择和切换输入法。如图 5-12 所示即为输入法选择与切换的界面。

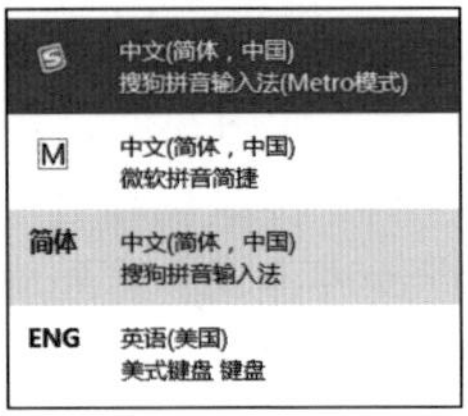

图 5-12 选择和切换输入法界面

5.2 安装与删除输入法

在 Windows 操作系统中，输入法分为系统自带的输入法和第三方输入法。对于系统自带的输入法，用户只需简单的步骤即可添加至语言栏中，以供日后使用，而第三方输入法则需要正确安装后才可正常使用。

5.2.1 安装中文输入法

在 Windows 8 操作系统中，输入法的安装分为安装系统自带的输入法和安装第三方输入法。

1. 安装（添加）系统自带的输入法

在 Windows 8 中，系统自带了大量的输入法以供用户选择和使用。用户需要添加输入法后才能使用。添加系统自带的输入法的操作步骤非常简单，接下来就以添加“微软仓颉”中文繁体输入法为例，详细介绍安装（添加）系统自带的输入法的操作步骤。

（1）单击语言栏选项区中的“选项”按钮，然后在展开的列表中选择“设置”选项，如图 5-13 所示。

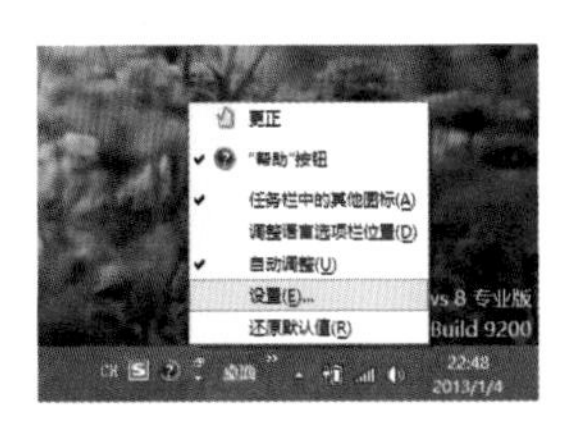

图 5-13　选择“设置”选项

（2）在弹出的“语言”窗口中单击“添加语言”按钮，如图 5-14 所示。

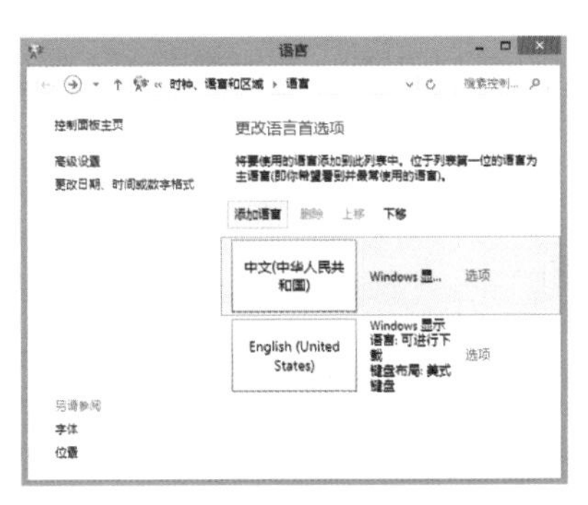

图 5-14　单击“添加语言”按钮

（3）在打开的“添加语言”窗口中的列表框中选择需要添加的语言，选择“中文（繁体）”选项，然后单击“打开”按钮，如

图 5-15 所示。

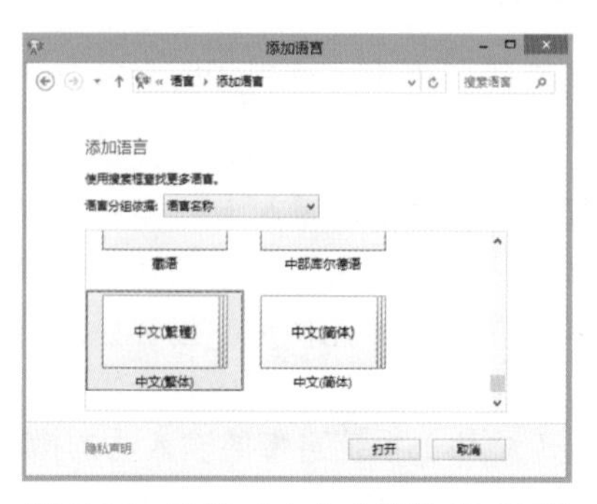

图 5-15　选择“中文（繁体）”选项

（4）在弹出的“区域变量”窗口中选择用户要添加的区域语言，然后单击“添加”按钮即可，如图 5-16 所示。

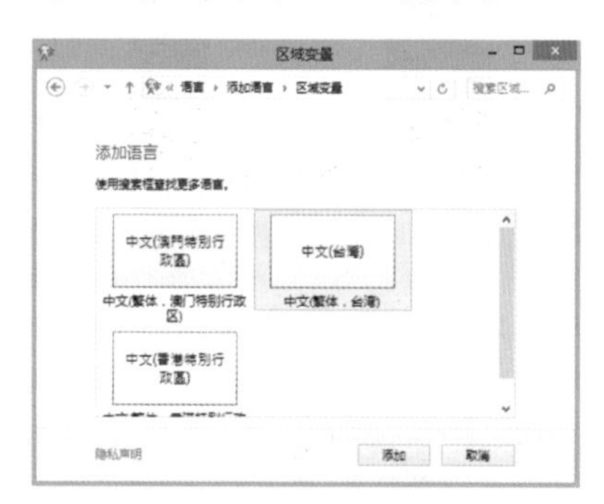

图 5-16　选择区域语言

（5）返回“语言”窗口，单击上一步中添加的区域语言右侧的“选项”链接，如图 5-17 所示。

（6）在打开的“语言选项”窗口中单击“输入法”选项组中的“添加输入法”链接，如图 5-18 所示。

（7）在打开的“输入法”窗口中，从“添加输入法”列表框中选择需要添加的输入法“微软仓颉”，然后单击“添加”按钮，如图 5-19 所示。

（8）返回“语言选项”窗口，确认添加的输入法无误后，单击“保存”按钮，确认添加的输入法，如图 5-20 所示。

（9）这时，用户通过按【Win+ 空格】组合键即可查看已经成功添加的“微软仓颉”输入法，如图 5-21 所示。

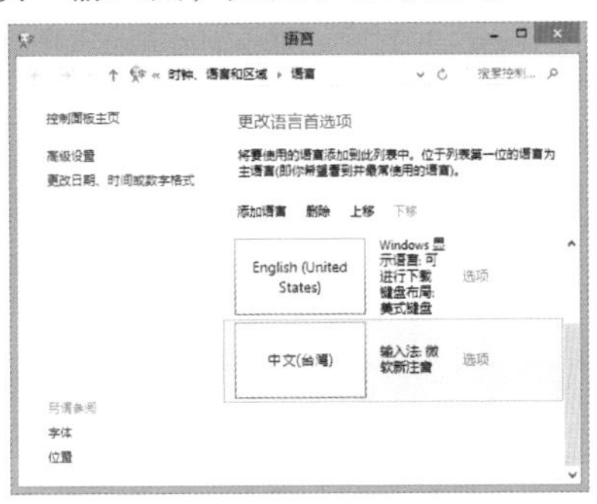

图 5-17　单击“选项”链接

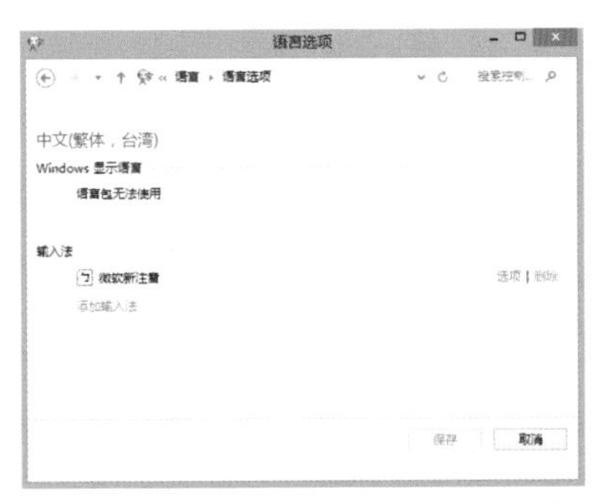

图 5-18　单击“添加输入法”链接

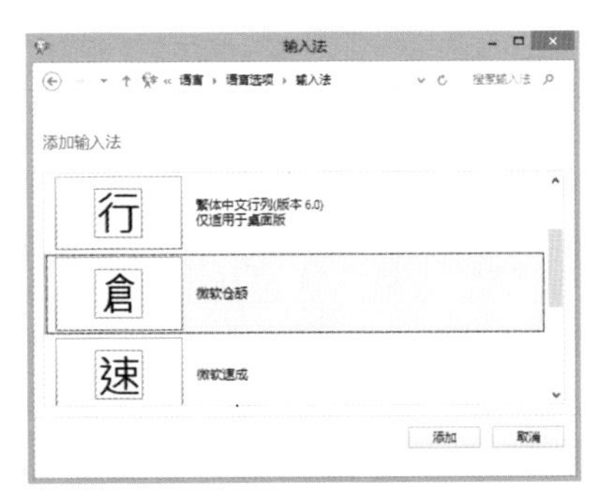

图 5-19　选择要添加的输入法

图 5-20　确认添加的输入法

图 5-21　查看已成功添加的输入法

需要注意的是，由于“微软仓颉”输入法属于中文繁体输入法，和用户日常使用的中文简体输入法处于不同的系统语言环境，因此，用户不能单击语言栏中的输入法图标直接进行切换。要想在语言栏中直接切换至“微软仓颉”输入法，用户必须先单击语言栏中的语言状态图标，在展开的列表中切换至中文繁体语言环境，然后才能在语言栏中直接切换至该输入法。

2. 安装（添加）第三方输入法

第三方输入法是指除微软 Windows 操作系统自带输入法之外的其他输入法。常见的第三方输入法包括 QQ 拼音输入法、搜狗输入法、百度输入法等。使用第三方输入法，可以让用户感受到与系统自带输入法不一样的输入体验。

接下来就以安装和添加 QQ 拼音输入法为例，为大家详细介绍安装和添加第三方输入法的步骤。

（1）双击 QQ 拼音输入法安装程序图标（用户可在网站 http://py.qq.com/ 中下载该输入法），如图 5-22 所示，启动 QQ 拼音输入法安装程序。

图 5-22　双击 QQ 拼音输入法安装程序图标

（2）在打开的安装向导窗口中单击“下一步”按钮，如图 5-23 所示。

图 5-23　单击“下一步”按钮

（3）在打开的“授权协议”界面中单击“我接受”按钮（如图 5-24 所示），将打开“选择安装位置”界面。

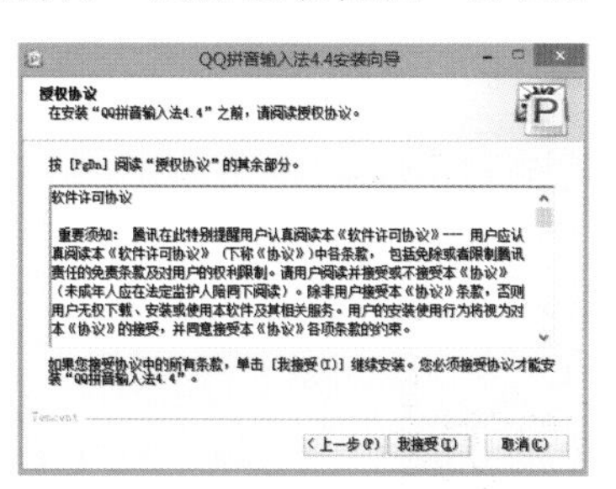

图 5-24　单击“我接受”按钮

（4）在“选择安装位置”界面，一般选择默认位置，也可通过单击“浏览”按钮选择其他位置，然后单击“安装”按钮，如图 5-25 所示。

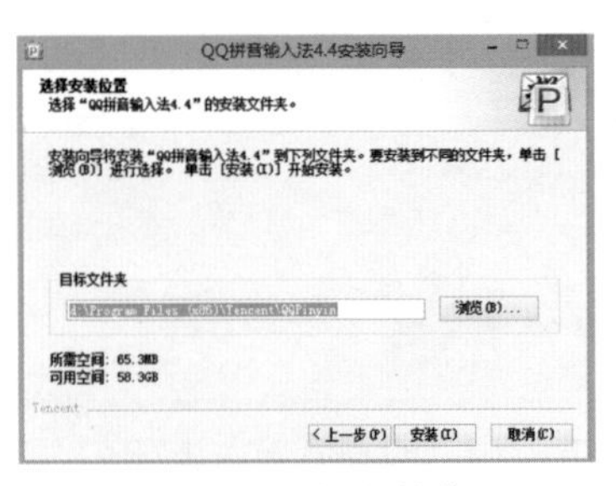

图 5-25　选择安装位置

（5）此时即可安装 QQ 拼音输入法，在“正在安装”界面中，用户可看到安装的实时情况，如图 5-26 所示。

图 5-26　正在安装输入法

（6）待 QQ 拼音输入法安装完成后，根据需要勾选或取消勾选复选框，然后单击“完成”按钮，如图 5-27 所示。

图 5-27　完成安装

（7）单击语言栏选项区中的“选项”按钮，在展开的列表中选择“设置”选项，如图 5-28 所示。

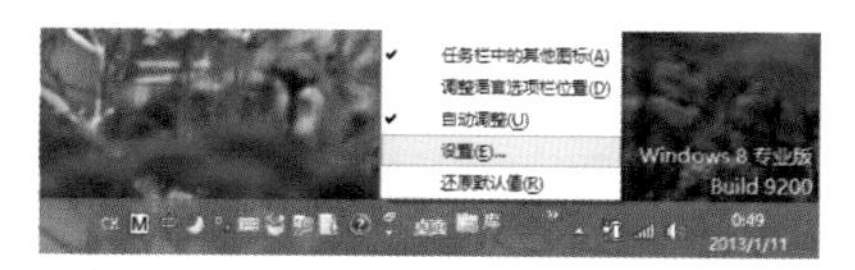

图 5-28　选择“设置”选项

（8）此时将打开“语言”窗口，在窗口中单击“中文（中华人民共和国）”语言环境右侧的“选项”链接，如图 5-29 所示。

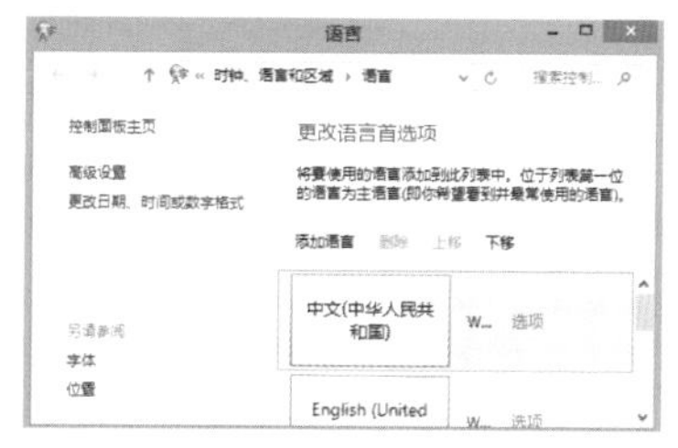

图 5-29　单击“选项”链接

（9）之后将打开“语言选项”窗口，单击“输入法”选项组中的“添加输入法”链接，如图 5-30 所示。

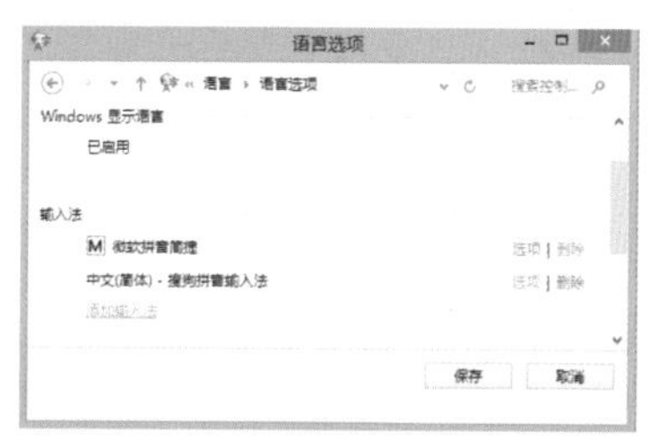

图 5-30　单击“添加输入法”链接

（10）在打开的“输入法”窗口中，从“添加输入法”列表框中选择需要添加的输入法，然后单击“添加”按钮，如图 5-31 所示。

（11）添加完成之后，返回“语言选项”窗口，确认添加的输入法正确后，单击“保存”按钮以确认添加输入法，如图 5-32 所示。

（12）这时，用户可单击语言栏中的输入法图标查看添加的 QQ

拼音输入法，如图 5-33 所示。

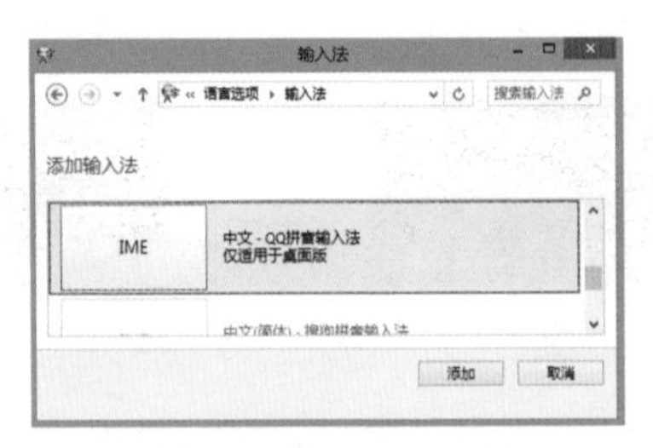

图 5-31　选择要添加的输入法

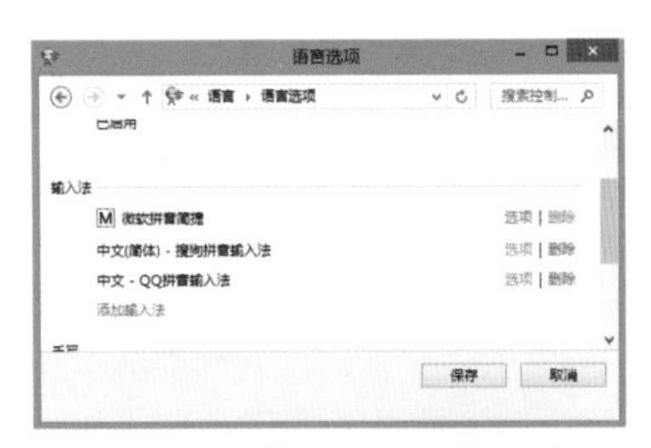

图 5-32　确认添加的输入法

图 5-33　语言栏中添加的输入法

5.2.2　删除输入法

与输入法的安装相对应的是输入法的删除。在计算机中，当一种输入法长期不用时，用户可以将该输入法从计算机系统中删除。删除输入法的操作非常简单，现在就以删除 QQ 拼音输入法为例，具体介绍输入法的删除操作步骤。

（1）按照 5.2.1 节中介绍的方法打开“语言选项”窗口，然后单击需删除的输入法右侧的“删除”链接，最后单击“保存”按钮，如图 5-34 所示。

（2）这时，用户单击语言栏中的输入法图标，可以看到 QQ 拼音输入法已经成功删除，效果如图 5-35 所示。

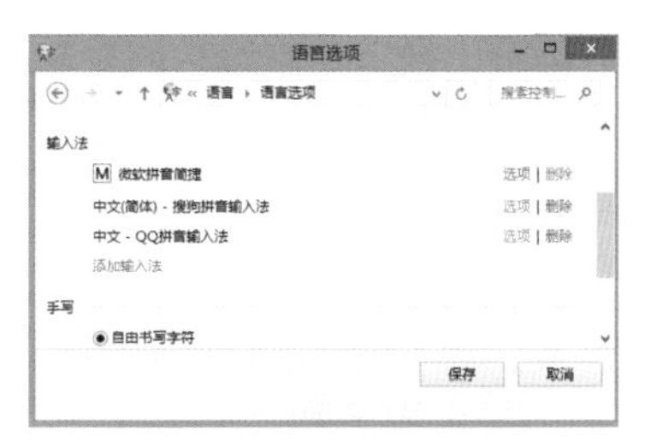

图 5-34　删除输入法

图 5-35　删除输入法之后的效果

在 Windows 8 操作系统中，在“语言选项”窗口中将输入法删除后仍可以再次将其添加到系统中。这是因为，在“语言选项”窗口中删除输入法仅仅是取消使用该输入法而已，并非真正意义上的从计算机中彻底删除了，只要用户重新将其添加到系统中就又可以重新使用了。

在 Windows 8 操作系统中，并非所有的输入法都能在“语言选项”窗口中进行设置。由于系统自带的输入法是与系统高度整合在一起的，所以用户可以直接在“语言选项”窗口中进行设置，而第三方输入法则由于并未和系统深度整合，且自带有专用的设置工具，所以不一定能在“语言选项”窗口中进行设置。

Windows 8 操作系统自带了很便捷的中文输入法——微软拼音输入法，用户可根据自身需要自行选择和使用自带的中文输入法。

5.3　使用 QQ 拼音输入法输入文本

QQ 拼音输入法（简称 QQ 拼音、QQ 输入法）是 2007 年 11 月 20 日由腾讯公司开发的一款汉语拼音输入法软件，运行于微软 Windows 系统下。QQ 拼音输入法与搜狗拼音、谷歌拼音、智能 ABC 等同为主流的输入法。

经过多年的发展，QQ 拼音输入法已经成长为一款具有特色的中文输入法，其独特的精美皮肤、快速的输入速度、丰富的词库、先进的网络同步等特色功能让每一个使用它的用户都能感受别样的输入体验。

5.3.1 利用网址输入模式输入网址

网址输入模式是 QQ 拼音输入法特别为用户的因特网生活而设计的便捷功能，让用户在中文输入状态下就可以输入几乎所有的网址。

用户在输入以 www.、http:、mail. 等开头的网址时，QQ 拼音输入法会自动识别并进入到英文输入状态，后面可以输入例如 baidu.com、qq.com 类型的网址，如图 5-36 所示。

图 5-36 输入网址

在输入邮箱地址时，当用户输入不含数字的邮箱名称时，软件会自动填充完整邮箱地址，例如 jsrdjz@qq.com，如图 5-37 所示。

图 5-37 输入邮箱地址

5.3.2 利用 U 模式输入文本

U 模式主要用来输入清楚字体结构但不清楚读音的汉字。用户在使用 QQ 拼音输入法时，按下【U】键即可启动 U 模式。在 U 模式中，用户输入笔画的拼音首字母或者组成部分拼音，即可得到想要的字。

U 模式下有 3 种具体操作功能：笔画输入、拆分输入和笔画拆分混输。

1. 笔画输入

此处的笔画输入和微软拼音输入法输入板中的笔画输入有根本性的不同，微软拼音输入法是靠鼠标选择部首，剩余笔画像查字典一样查找汉字的输入。而 QQ 拼音输入法 U 模式中的笔画输入仅通过输入文字构成笔画的拼音首字母来找出想要的字。

在 QQ 拼音输入法的 U 模式中，一个汉字被分解成“一”、“丨”、“丿”、“丶”、“乛”5 个不同的部分，分别通过按【H】、【S】、【P】、【D】、【N】、【Z】这几个键即可，笔画和按键对照表，如表 5-1 所示。

表 5-1　笔画和按键对照表

笔画	按键	笔画	按键
横 / 提	H	竖 / 竖勾	S
撇	P	点	D
捺	N	折	Z

通过这几个按键就可以将一个汉字完整地打出，例如，“江”字由点、点、提、横、竖、横构成，因此，用户只需在 QQ 拼音输入法中输入“uddhhsh”即可找到“江”字，如图 5-38 所示。

uddhhsh　打开笔画输入器
1.江(jiāng) 2.汢(tǔ,tu) 3.沍(chēng) 4.浍(huì) 5.法(fǎ)

图 5-38　通过笔画输入获得“江”字

同时数字键盘上的 1、2、3、4、5 分别代表 H、S、P、N、Z，也就是“一”、“丨”、“丿”、“丶”、“乛”。需要注意的是，竖心旁“忄”的笔顺是点点竖（DDS），而不是竖点点、点竖点。

2. 拆分输入

拆分输入是 QQ 输入法的 U 模式中的另一个独特的功能。拆分输入是将一个汉字拆分成多个组成部分，并分别输入各部分的拼音，像堆积木一样最终将汉字“堆”出来。

同英文是由不同的字母组合而成的一样，汉字也可以理解为由不同的部分组合而成。如“胜利”的“胜”字就是由“月”和“生”两个汉字组成的，“赢”则是由“亡”、“口”、“月”、“贝”和“凡”5 个汉字组成的。拆分输入正是利用了汉字的这种特性开创性地推出了这种将一个汉字拆分成多个组成部分，并分别输入各部分的拼音，从而得到对应汉字的这种输入方式。

要使用拆分输入的方式输入“晶”字，用户只需输入“uririri”即可，如图 5-39 所示。而输入“赢”字，则只需输入

“uwangkouyuebeifan”即可，如图 5-40 所示。

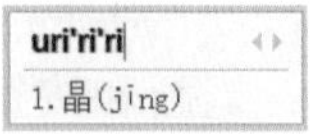

uri'ri'ri
1.晶(jīng)

图 5-39　输入“晶”字

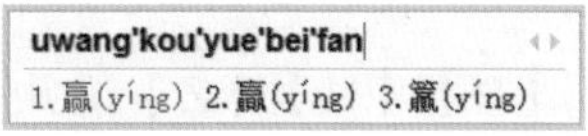

uwang'kou'yue'bei'fan
1.羸(yíng) 2.嬴(yíng) 3.籯(yíng)

图 5-40　输入“羸”字

只要掌握了拆分输入这种拼音输入方法，用户只需清楚汉字的基本结构就可以轻松将其打出，常见的偏旁部首对应的拼音输入如表 5-2 所示。

表 5-2　偏旁部首和输入对照表

偏旁部首	输入	偏旁部首	输入
阝	fu	忄	xin
卩	jie	钅	jin
讠	yan	礻	shi
辶	chuo	廴	yin
冫	bing	氵	shui
宀	mian	冖	mi
扌	shou	犭	quan
纟	si	幺	yao
灬	huo	罒	wang

3. 笔画拆分混输

笔画拆分混输是 QQ 拼音输入法 U 模式中最强大的输入功能，它将笔画输入和拆分输入融为一体，让用户可以同时混合使用笔画输入和拆分输入，如输入“好”字，用户只需输入“unvz”即可，如图 5-41 所示。

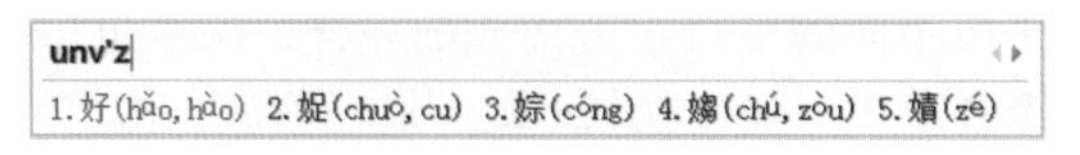

图 5-41　输入“好”字

5.3.3　利用笔画筛选

当用户在输入单字时，使用笔画筛选可快速按笔画顺序来定位该字。使用方法是，输入一个字或多个字后，按【Tab】键，然后按

【H】(横)、【S】(竖)、【P】(撇)、【N】(捺)和【Z】(折)输入第一个字的笔顺，一直找到该字为止。例如，若要快速输入“篕”字，当用户输入了“he”后，按【Tab】键，然后按“篕”字的前几笔对应的【P】键、【H】键、【D】键，就可定位该字，如图 5-42 所示。要退出笔画筛选模式，只需删掉已经输入的笔画辅助码即可。

he phd
1. 篕

图 5-42　笔画筛选

5.4　使用 Windows 语音识别与计算机对话

人机对话一直以来被认为是科幻电影或小说中的情节，当微软发布具有 Windows 语音识别功能的 Windows 系统时，所有人都对其充满了期待。事实证明，当时的 Windows 语音识别功能确实不太出色，但在最新的 Windows 8 操作系统中，用户或许会有不一样的使用体验，仁者见仁，智者见智，或许只有亲身体验后才能做出自己的判断。

5.4.1　启动 Windows 语音窗口

由于微软公司在 Windows 8 操作系统的任务栏中取消了“开始”按钮，所以用户不能在像之前的 Windows 7 操作系统的“开始”菜单中那样直接启动 Windows 语音窗口。Windows 8 操作系统中的所有程序，用户都可以在“应用”屏幕中找到，Windows 语音窗口也不例外，现在就详细介绍 Windows 8 操作系统中 Windows 语音窗口的启动。

（1）在“开始”屏幕空白处右击，然后单击屏幕底部的界面中出现的“所有应用”按钮，如图 5-43 所示。

（2）在切换至的“应用”屏幕中，找到“Windows 语音识别”选项，单击该选项即可启动 Windows 语音窗口，如图 5-44 所示。

图 5-43 单击“所有应用”按钮

图 5-44 单击“Windows 语言识别”选项以启动

5.4.2 设置语音识别

当第一次启动 Windows 语音识别系统时，用户需对其进行一定的设置才能使用。这种在初始使用 Windows 语音识别时进行的设置主要针对用户的使用习惯及简单的麦克风等硬件进行检测。“设置语音识别”对话框如图 5-45 所示。

下面就为大家详细介绍设置语音识别的步骤。

（1）当用户初次使用 Windows 语音识别时，系统将自动弹出“设置语音识别”对话框，单击“下一步”按钮即可开始设置，如图 5-46 所示。

（2）在切换至的界面中选择和自己的计算机相匹配的麦克风类型选项（这能增强语音识别的准确性），单击“下一步”按钮，如图 5-47 所示。

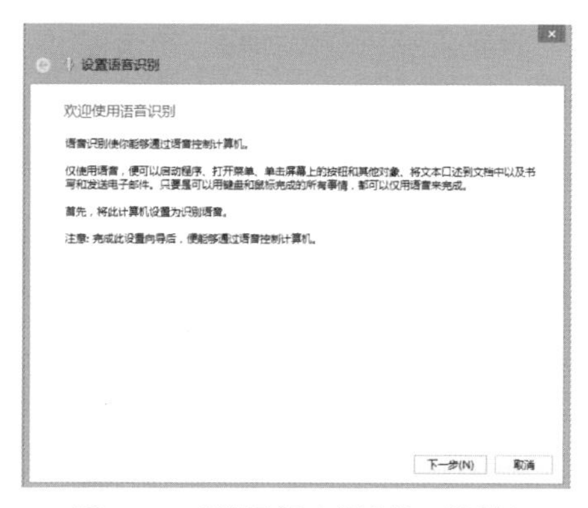

图 5-45　“设置语音识别”对话框

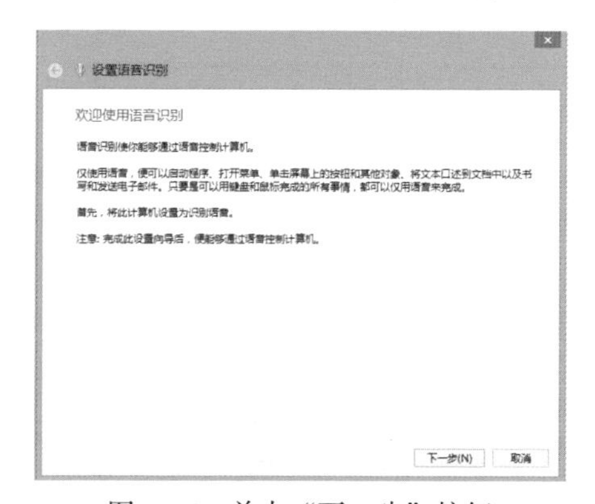

图 5-46　单击“下一步”按钮

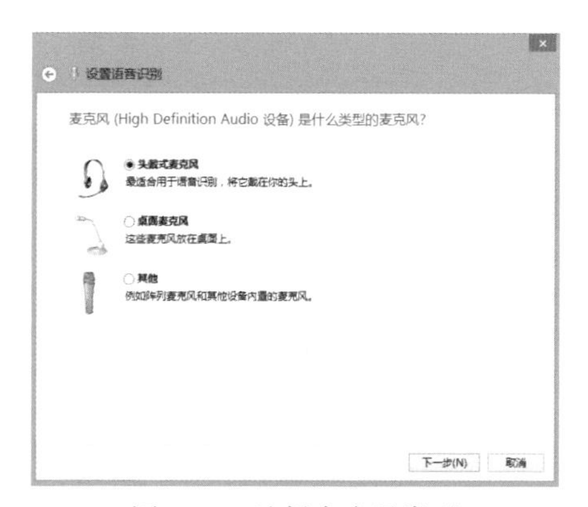

图 5-47　选择麦克风类型

（3）切换至“设置麦克风”界面后，单击“下一步”按钮开始设置麦克风，如图 5-48 所示。

图 5-48 “设置麦克风”界面

（4）在切换至的界面中按照提示对着麦克风大声朗读一些语句，待“下一步”按钮被激活后，单击该按钮，如图 5-49 所示。

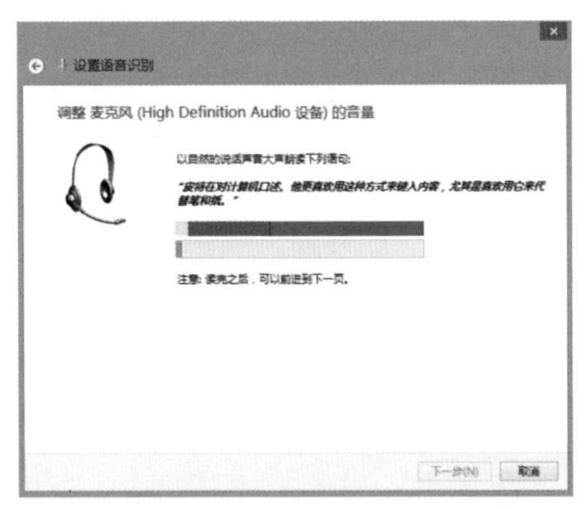

图 5-49 大声朗读直到“下一步”按钮被激活

注意：一定要确保麦克风位置的正确。

当用户在第（4）步中对着麦克风朗读语句时，一定要保持麦克风位置的正确，并确保处于一个相对安静的环境中，并且保持语速平稳，口齿清晰。若以上条件都无法达到，Windows 语音识别就有可能无法识别用户说出的命令，此时将切换至“麦克风的位置正确吗？”界面，然后返回上一步即可重新操作。

（5）待麦克风设置成功后，单击“下一步”按钮，如图 5-50 所示。

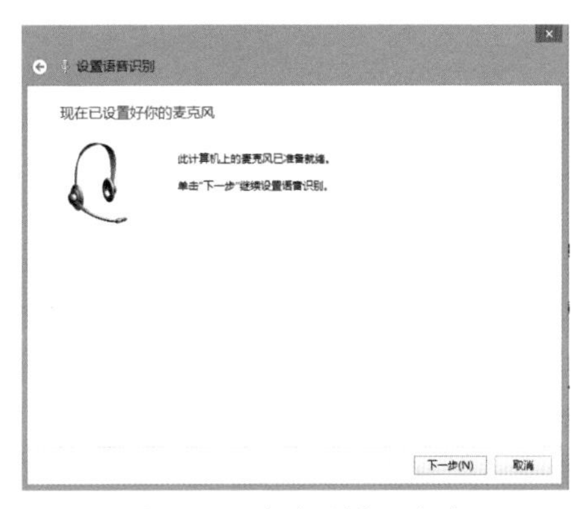

图 5-50　麦克风设置成功

（6）切换至“改进语音识别的精确度”界面后，选中“启用文档审阅”单选按钮，然后单击“下一步”按钮，如图 5-51 所示。

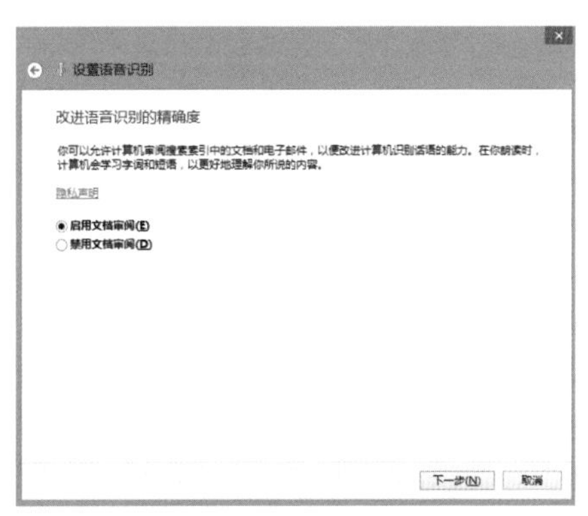

图 5-51　设置语言识别

（7）在打开的“选择激活模式”界面中，选中适合自身使用习惯的激活模式后，单击“下一步”按钮，如图 5-52 所示。

（8）在打开的“打印语音参考卡片”界面中，用户可单击“查看参考表”按钮查看语音参考信息，然后单击“下一步”按钮，如图 5-53 所示。

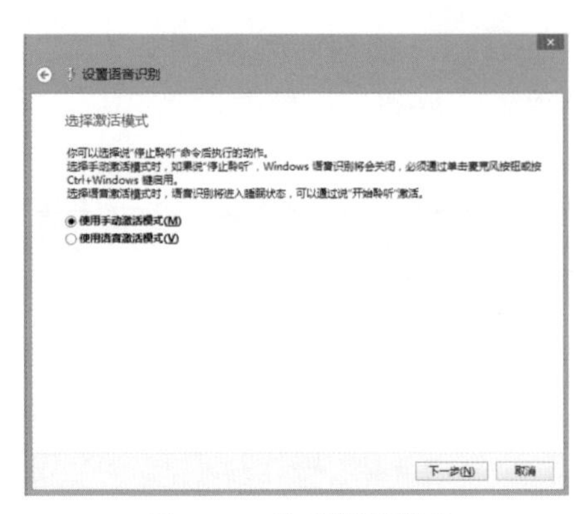

图 5-52　选择激活模式

图 5-53　查看参考表

注意：语音参考表的作用。

语音参考表主要用于帮助用户了解使用 Windows 语音识别时使用的语音识别命令。在语音参考表中，用户可以非常轻松地了解到关于“如何使用语音识别”、“常见的语音识别命令”，以及“听写”、“键盘键”、“标点符号和特殊字符”、“控件”等专用于 Windows 语音识别的使用知识。

（9）在打开的界面中设置是否每次启动计算机时都运行语音识别，用户若需要开机启动，则勾选“启动时运行语音识别”复选框即可，然后单击“下一步”按钮，如图 5-54 所示。

（10）此时切换至“现在可以通过语音来控制此计算机”界面，如图 5-55 所示，单击“跳过教程”按钮即可完成语音识别的设置。

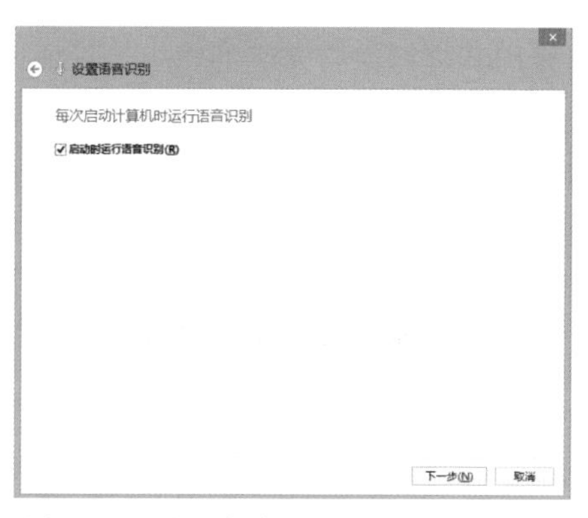

图 5-54　设置启动时是否运行语音识别

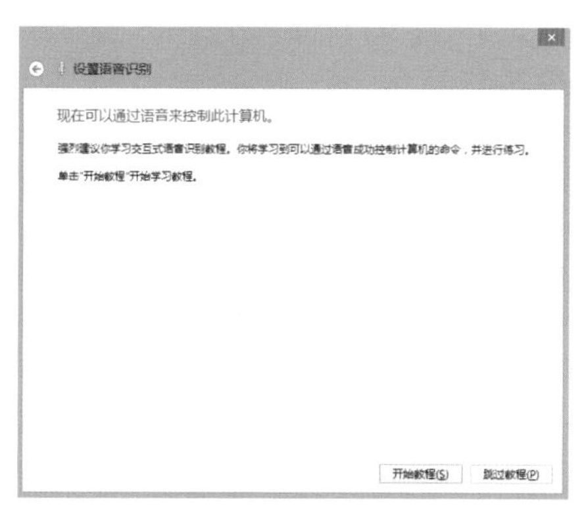

图 5-55　“现在可以通过语音来控制此计算机”界面

注意：语音识别教程的作用。

语音识别教程主要帮助用户更加快速地掌握 Windows 语音识别的功能和使用方法。

在 Windows 8 操作系统中，只要用户完美地完成了语音识别教程，就可以非常熟练地使用 Windows 语音识别对计算机进行各种操作。

5.4.3　使用语音识别输入文字

Windows 语音识别作为一种通过识别语音进行计算机操作的计算机应用功能，使用其进行语言文字的输入是一项再普通不过的实际运用了。

当 Windows 语音识别被启动后，用户可在屏幕顶部看到悬于桌面上方的语音识别窗口，如图 5-56 所示。

图 5-56　语音识别窗口

打开“聆听”功能后，用户只需打开文本文档，例如 .txt 文件，然后对着麦克风说出需输入的文字，例如“计算机”，Windows 语音识别程序成功将其识别后会自动将“计算机”这 3 个文字输入到 .txt 文本文档中，如图 5-57 所示。

图 5-57　语音识别出“计算机”3 个字

5.5　安装与使用字体

在文字处理中，用户可以更改文本字符的字体，让整篇文字更加整洁、美观。如果觉得系统中没有好看的字体，也可以从网络中下载并安装，再使用字体装扮文档。

1. 字体的安装

右击下载的待安装的字体安装包，然后在弹出的快捷菜单中选择“安装”命令，如图 5-58 所示。

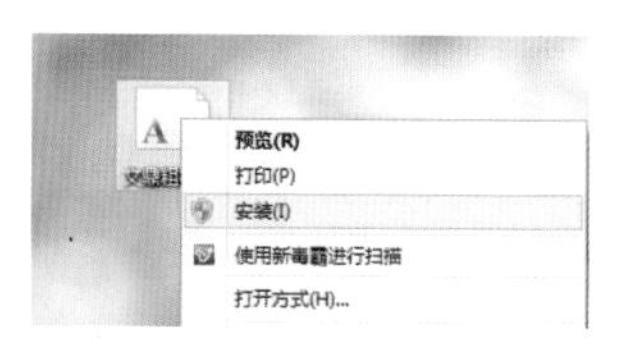

图 5-58 安装字体

2. 字体的使用

安装完成字体后，用户就可以使用该字体来装饰文字了。例如，在一个 .txt 文本文档中使用刚装上的字体。在文本文档程序窗口中，选择“格式”|“字体”命令，如图 5-59 所示。弹出“字体”对话框，在“字体”列表框中选择刚安装上的字体，然后设置字形和大小，设置完成后单击“确定”按钮，如图 5-60 所示。

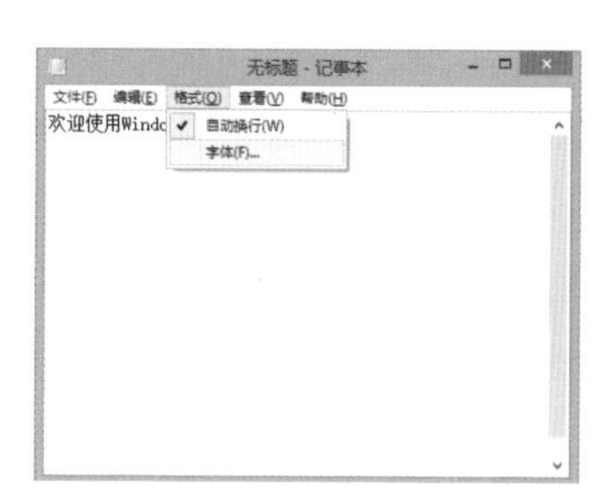

图 5-59 选择“格式”|“字体”命令

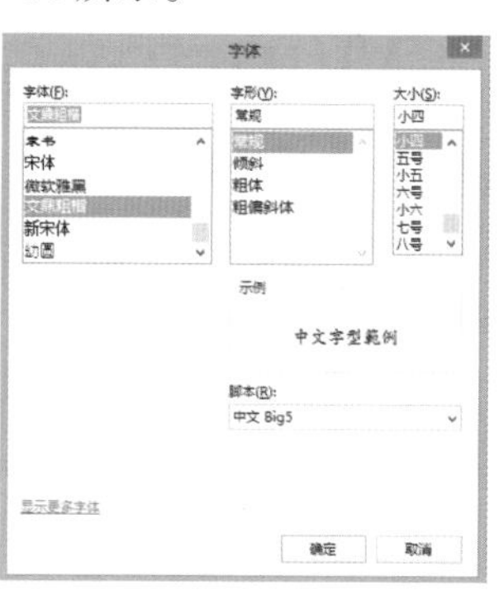

图 5-60 选择字体、字形、大小

最终效果如图 5-61 所示。

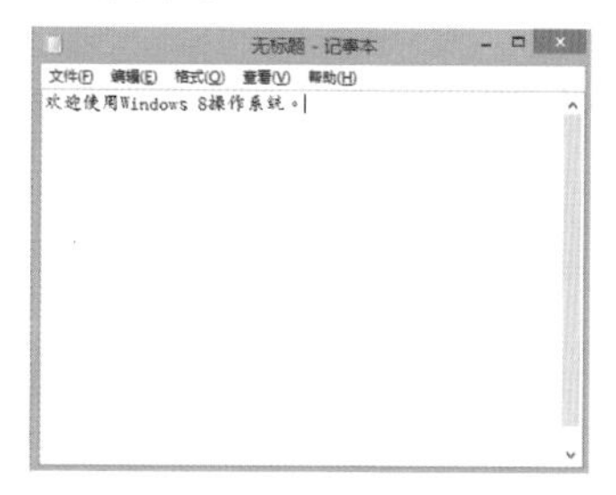

图 5-61 使用字体的效果

6

Windows 8 软件管理

软件是用户与硬件之间的接口界面。用户主要通过软件与计算机进行交流。软件是计算机系统设计的重要依据。为了方便用户，使计算机系统具有较高的总体效用，在设计计算机系统时，必须通盘考虑软件与硬件的结合，以及用户的要求和软件的要求。

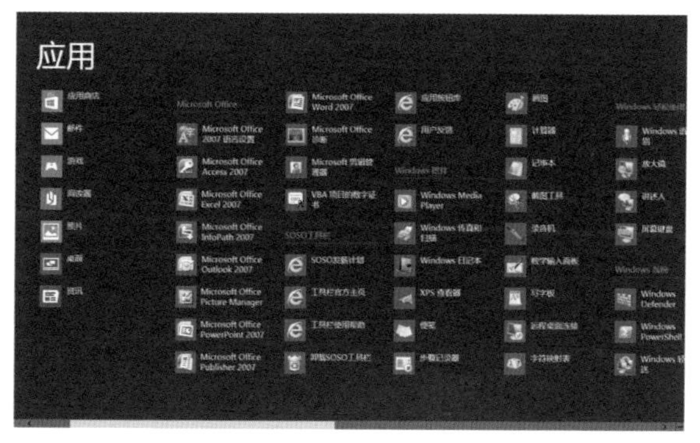

6.1　计算机软件的介绍

计算机软件的应用对人们的日常生活和社会活动都产生了极其重要的影响，在当今信息化的世界里，人们几乎每天都会和计算机软件打交道。下面简单地介绍一下计算机软件。

6.1.1　计算机软件的概念

计算机软件（Computer Software）是指计算机系统中的程序及其文档。程序是计算任务的处理对象和处理规则的描述；文档是为了便于了解程序所需的阐明性资料。程序必须装入机器内部才能工作，文档一般是给用户看的，不一定装入机器。

软件是人工开发的，它是人的智力的高度发挥，不是传统意义上的硬件制造。

6.1.2 计算机软件的分类

计算机软件总体分为系统软件和应用软件两大类。

1. 系统软件

系统软件是指控制和协调计算机及外部设备，支持应用软件开发和运行的系统，如 Windows 操作系统、Linux 操作系统、UNIX 操作系统等，另外，还包括操作系统的补丁程序及硬件驱动程序等。

系统软件负责管理计算机系统中各种独立的硬件，使得它们可以协调工作。系统软件使得计算机使用者和其他软件将计算机当做一个整体，而不需要顾及底层的每个硬件是如何工作的。

一般来讲，系统软件包括操作系统和一系列基本的工具，如编译器、数据库管理工具、存储器格式化工具、文件系统管理工具、用户身份验证工具、驱动管理工具、网络连接工具等。

2. 应用软件

应用软件是为了某种特定的用途而开发的软件。它可以细分的种类就更多了，可以是一个特定的程序，比如一个图像浏览器；也可以是一组功能联系紧密、可以互相协作的程序的集合，比如微软的 Office 软件；还可以是一个由众多独立程序组成的庞大的软件系统，比如数据库管理系统。

较常见的应用软件有文字处理软件、聊天软件、杀毒软件等。如图 6-1 所示为 Windows 8 系统中安装的部分应用软件。

图 6-1　Windows 8 系统中的部分应用软件

6.2　计算机应用软件的安装

计算机软件的安装方法很简单，而且几乎所有的应用软件安装过程大致相似或者相同。下面就以 QQ 软件的安装为例进行说明。

安装 QQ 软件的具体步骤如下。

（1）双击 QQ 软件的安装包（可在腾讯主页上下载 QQ 软件安装包），如图 6-2 所示。

图 6-2　双击 QQ 软件的安装包

（2）双击后弹出腾讯 QQ 安装向导，在该界面的下面勾选“我已阅读并同意软件许可协议和青少年上网安全指引”复选框，然后单击“下一步”按钮，如图 6-3 所示。

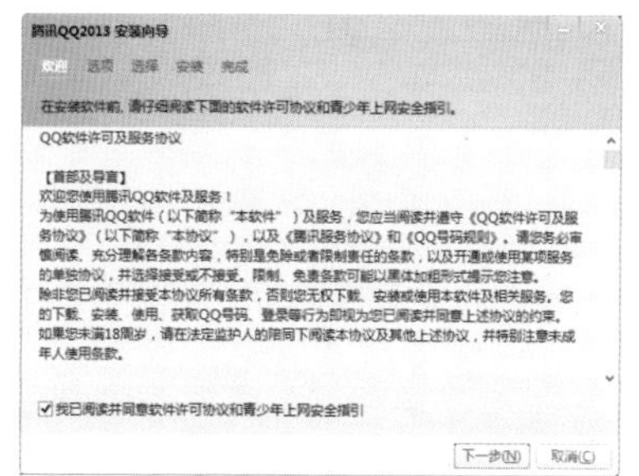

图 6-3　同意 QQ 软件许可及服务协议

（3）在弹出的“选项”界面中，用户可以根据实际需要和操作习惯勾选“自定义安装选项”选项组中的选项和“快捷方式选项”选项组中的选项，然后单击“下一步”按钮，如图 6-4 所示。

（4）在弹出的“选择”界面中，用户可以通过单击“程序安装目录”中的“浏览”按钮选择程序的安装目录，还可以通过单击“个人文件夹”选项组中的“浏览”按钮选择个人文件夹的存放目录，操作完成之后，单击“安装”按钮，如图 6-5 所示。

（5）此时，系统会自动安装程序，如图 6-6 所示。

（6）安装完成，勾选“立即运行腾讯 QQ 2013”复选框，单击“完成”按钮，即可完成腾讯 QQ 应用软件的安装，如图 6-7 所示。

（7）此时就打开了刚刚完成安装的腾讯 QQ 应用软件，用户输入 QQ 号和密码就能登录 QQ 进行聊天了，如图 6-8 所示。

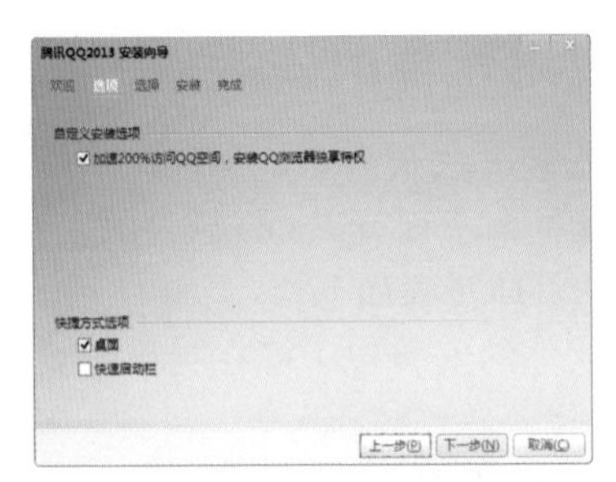

图 6-4 设置安装选项和快捷方式选项

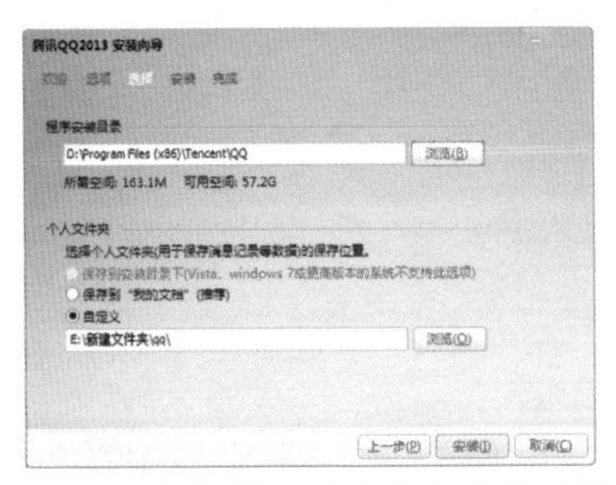

图 6-5 选择程序安装目录和个人文件夹安装目录

图 6-6 系统正在自动安装程序

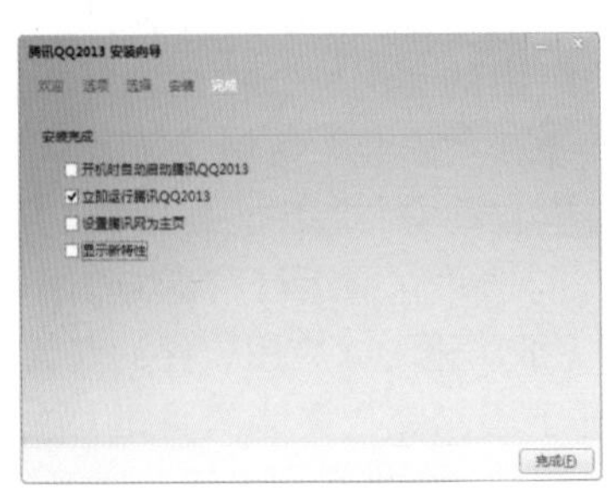

图 6-7 完成安装

图 6-8　腾讯 QQ 软件

所有安装完成的计算机软件都在“开始”屏幕上存放着，用户如需查看或者重新启动，可从“开始”屏幕上读取，具体操作步骤如下。

（1）按【Win】键进入“开始”屏幕，在界面的任意空白处右击鼠标，然后在弹出的界面中单击“所有应用”按钮，如图 6-9 所示。

图 6-9　单击“所有应用”按钮

（2）此时可以查看所有已经安装的程序，如图 6-10 所示。用户只需单击所需要启动的某项应用程序，即可启动该程序。

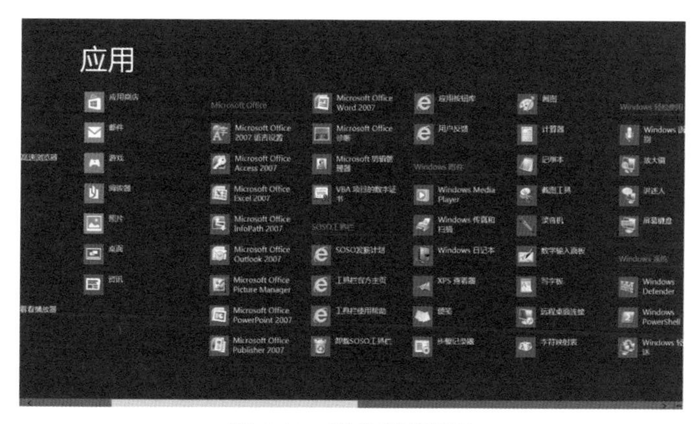

图 6-10　所有应用界面

6.3 软件的卸载

在使用计算机的过程中，有时需要删除一些不再使用的应用软件，以便为计算机节省出更多的硬盘空间，这对加快系统运行速度有一定的帮助。在 Windows 8 操作系统中，卸载软件通常有 3 种方法，下面进行详细介绍。

6.3.1 在“开始”屏幕中卸载软件

Windows 8 操作系统为用户提供了一种独特的软件卸载方法，这种方法十分简单，用户只需在“开始”屏幕中右击所需卸载的软件，然后在弹出的界面中单击“卸载”按钮，即可对其进行卸载，如图 6-11 所示。

图 6-11 通过“开始”屏幕卸载软件

软件被卸载或软件在“开始”屏幕取消固定后，软件的图标都不会在“开始”屏幕上显示了。卸载软件和取消软件在“开始”屏幕固定的区别在于，卸载软件后，所有的程序文件和个人数据都会随之删除。

卸载软件时，右击软件，在弹出的界面中除了“卸载”按钮外，还有“从‘开始’屏幕取消固定”、“固定到任务栏”、“打开新窗口”、“以管理员身份运行”和“打开文件位置”按钮。这些按钮的具体功能如下。

- 从“开始”屏幕取消固定：只删除软件在“开始”屏幕上的图标。
- 固定到任务栏：将该软件固定到“桌面”上的任务栏中。
- 打开新窗口：单击该按钮可打开一个新的应用窗口。
- 以管理员身份运行：有些程序会对系统设置进行更改，这些程序在运行时，其更改操作会被 Windows 用户账户控制并阻止。

这些更改是程序的正常操作，需要在运行时赋予它管理员身份权限。

• 打开文件位置：单击该按钮可打开该软件在硬盘中的安装目录文件夹。

6.3.2　通过软件自带的卸载程序卸载软件

有些软件在安装时会自动生成一个卸载软件，以方便用户进行卸载操作。这个卸载程序被安装在“所有程序”里。用户只需在“所有程序”里找到该卸载程序，单击就能卸载该软件，如图 6-12 所示。

图 6-12　通过软件自带的卸载程序卸载软件

6.3.3　通过控制面板卸载软件

Windows 操作系统一直都有卸载软件的功能，其方法很简单，下面进行介绍。

（1）打开“控制面板”窗口，选择“卸载程序”选项，如图 6-13 所示。

（2）在打开的“程序和功能”窗口中找到需要卸载的软件并右击，弹出“卸载”命令，选择该命令即可卸载软件，如图 6-14 所示。

图 6-13　选择“卸载程序”选项

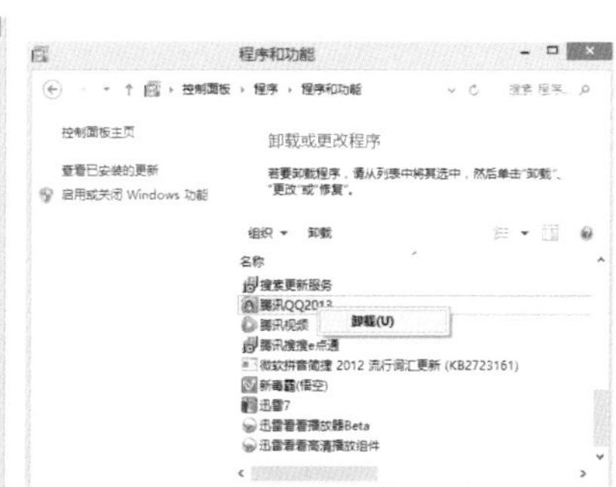

图 6-14　选择“卸载”命令

7

Windows 8 硬件管理

计算机是由硬件系统和软件系统两部分组成的，第 6 章介绍了软件的基本知识，本章将为大家详细介绍安装与管理硬件驱动程序的有关知识。

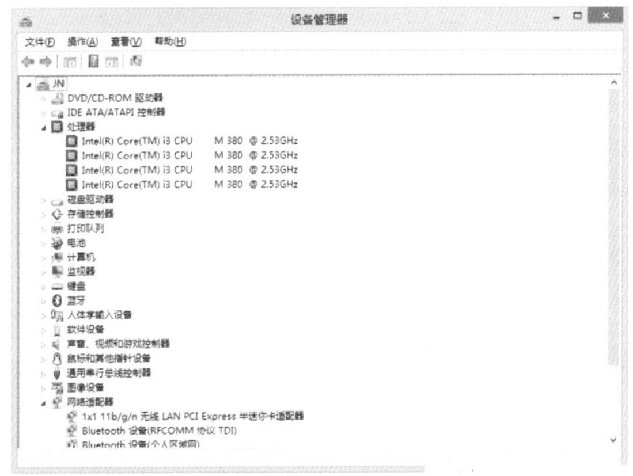

7.1 计算机硬件简介

计算机硬件是计算机系统中各种设备的总称。计算机硬件应包括 5 个基本部分，即运算器、控制器、存储器、输入设备和输出设备，上述各基本部件的功能各异。运算器应能进行加、减、乘、除等基本运算；存储器不仅能存放数据，而且也能存放指令，计算机应能区分是数据还是指令；控制器应能自动执行指令；操作人员可以通过输入 / 输出设备与主机进行通信。计算机内部采用二进制来表示指令和数据。操作人员将编好的程序和原始数据送入主存储器中，然后启动计算机工作，计算机应在不需干预的情况下完成逐条取出指令和执行指令的任务。

7.1.1 计算机硬件介绍

硬件系统由输入设备、输出设备和主机组成。其中，输入设备包括键盘、鼠标、扫描仪等；输出设备包括声卡、显卡等；主机则是由 CPU、主板、内存、硬盘和机箱电源组成的。

下面介绍计算机的主要硬件。

1. CPU

CPU 即中央处理器，是计算机的核心。计算机处理数据的能力和速度主要取决于 CPU。通常用主频评价 CPU 的能力和速度，目前主流的 CPU 为 Intel 公司生产的酷睿 i 系列处理器（如图 7-1 所示）和 AMD 公司生产的速龙和弈龙系列处理器（如图 7-2 所示）。

图 7-1　Intel 公司的酷睿 i5 处理器

图 7-2　AMD 羿龙 II X4 处理器

2. 主板

主板也称主机板，如图 7-3 所示，是安装在主机机箱内的一块电路板，上面安装有计算机的主要电路系统。主板的类型和档次决定着整个计算机系统的类型和档次，主板的性能影响着整个计算机系统的性能。主板上安装有控制芯片组的 BIOS 芯片和各种输入 / 输出接口、键盘和面板控制开关接口、指示灯插件、扩充插槽及直流电源供电插接件等元件。CPU、内存条插接在主板的相应插槽中，驱动器、电源等硬件连接在主板上。主板上的接口扩充插槽用于插接各种接口卡，这些接口卡扩展了计算机的功能，如显卡、声卡等。

图 7-3　计算机的主板

3. 内存储器

内存储器简称内存，如图 7-4 所示，是用于存放当前待处理的信息和常用信息的半导体芯片。内存的最大特点是，关机或断电时数据会丢失。按内存条与主板的连接方式，内存有 30 线、72 线和 168 线之分。目前，主流的机型标配 2GB DDR3 的内存，部分高端机型会升级容量到 4GB。

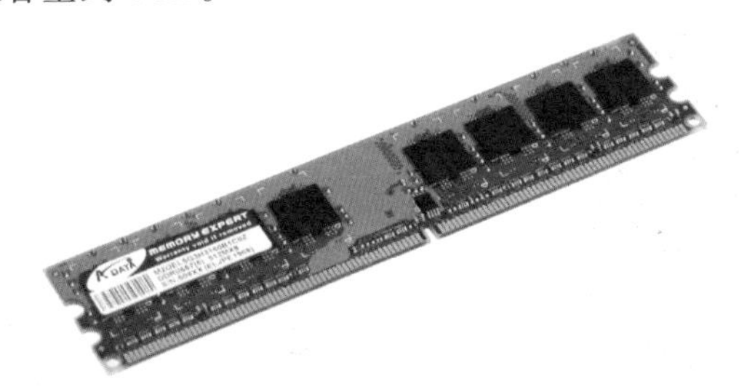

图 7-4　内存

4. 硬盘

硬盘是计算机主要的存储媒介，如图 7-5 所示。在计算机系统中，硬盘的地位可以说是非常重要，因为无论 CPU 或内存的速度有多快，它们的绝大多数指令和数据都来源于硬盘。硬盘的另一个特殊的作用就是作为所有应用软件和数据的载体。

图 7-5　硬盘

5. 机箱和电源

机箱（如图 7-6 所示）是用来固定存放计算机主板的箱子。它的主要作用是放置和固定各种计算机配件，起到一个承托和保护作用。此外，机箱还具有屏蔽电磁辐射的重要作用。电源（如图 7-7 所示）是为计算机主板供电的装置，它可给计算机主板提供各种电压需求的电源供给。

不同类型的机箱只能安装其支持类型的主板，一般是不能混用的，而且电源也有所差别。

图 7-6　机箱

图 7-7　电源

6. 显卡

显卡又称显示器适配卡，如图 7-8 所示，是连接主机与显示器的接口卡。其作用是将主机的输出信息转换成字符、图形和颜色等信息，再传送到显示器上显示。显卡插在主板的 ISA、PCI、AGP 扩展插槽中，ISA 显卡现已基本淘汰。

显卡可以分为独立显卡和集成显卡。

独立显卡是将显示芯片、显存及其相关电路单独做在一块电路板上，作为一块独立的板卡存在，它需占用主板的扩展插槽。独立显卡具备单独的显存，不占用系统内存，而且技术上领先于集成显卡，能够提供更好的显示效果和运行性能，容易进行显卡的硬件升级。独立显卡的缺点是系统功耗较大，发热量也较大，需额外花费购买显卡的资金，同时占用更多空间，尤其是对于笔记本电脑来说。独立显卡作为计算机主机里的一个重要组成部分，对于喜欢玩游戏和从事专业图形设计的人来说显得非常重要。

集成显卡是指在芯片组上集成了显示芯片的显卡，使用这种芯片组的主板不需要独立显卡就可以实现普通的显示功能。集成显卡的显示芯片有单独的，但大部分都集成在主板的北桥芯片中。一些主板集成的显卡也在主板上单独安装了显存，但其容量较小。集成显卡功耗低，发热量小。由于部分集成显卡的性能已经可以媲美入门级的独立显卡，所以不用花费额外的资金购买独立显卡。集成显卡的显示效果与处理性能相对较弱，不能对显卡进行硬件升级，但可以通过 CMOS 调节频率或刷入新 BIOS 文件实现软件升级，从而挖掘显示芯片的潜能。

图 7-8 显卡

7. 声卡

声卡是计算机中用来处理声音的接口卡，如图 7-9 所示。声卡可以把来自麦克风、收录音机、激光唱机等设备的声音变成数字信号，然后交给计算机处理，并以文件形式存盘。声卡还可以把数字信号还原成为真实的声音输出。声卡尾部的接口从机箱后侧伸出，上面有连接麦克风、音箱、游戏杆和 MIDI 设备的接口。

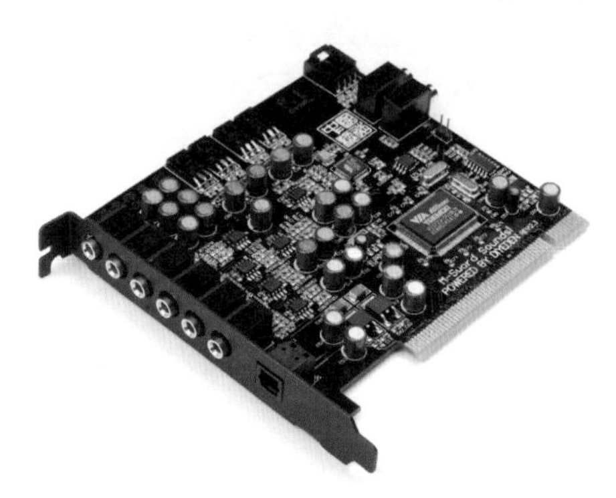

图 7-9　声卡

8. 显示器

显示器属于计算机的 I/O 设备，即输入 / 输出设备，它是一种将一定的电子文件通过特定的传输设备显示到屏幕上再反射到人眼的显示工具，如图 7-10 所示。目前市场主流的显示器有 LED、LCD、3D 显示器等。

图 7-10　显示器

9. 鼠标

鼠标是计算机输入设备的简称，分有线和无线两种，如图 7-11 所示。鼠标是计算机显示系统中纵坐标、横坐标定位的指示器，因形似老鼠而得名。

“鼠标”的标准名称应该是“鼠标器”，英文名为 Mouse。使用鼠标是为了使计算机的操作更加简便，来代替键盘那烦琐的指令。

图 7-11　鼠标

10. 光驱

光驱即光盘驱动器，是多媒体计算机不可缺少的硬件配置，是计算机用来读取光盘的工具，如图 7-12 所示。目前主流机型已配置 DVD 驱动器。

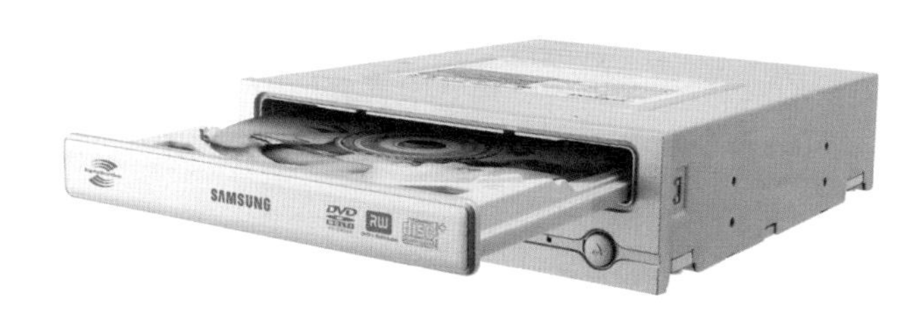

图 7-12　光驱

11. 键盘

键盘是最常见的计算机输入设备，如图 7-13 所示，它广泛应用于微型计算机和各种终端设备上。计算机操作者通过键盘向计算机输入各种指令、数据，指挥计算机的工作。计算机的运行情况输出到显示器，操作者可以很方便地利用键盘和显示器与计算机对话，对程序进行修改、编辑，控制和观察计算机的运行。主流键盘是 104 键键盘。

图 7-13 键盘

7.1.2 设备的查看

计算机自带自动搜索、下载及安装驱动程序的功能。在 Windows 8 操作系统中，自动为硬件获取驱动程序和更新的功能是在设备管理器中进行设置并实现的。

实际上，Windows 8 操作系统自动为计算机硬件下载推荐的驱动程序是确保所有硬件正常工作最简捷的一个方法。除下载驱动程序外，该功能还可以为计算机硬件设备查找并下载设备软件和设备信息。

设备软件包括硬件设备制造商为硬件设备附带的驱动程序或应用。而设备信息则包含了产品名称、制造商及型号，这些信息将帮助用户区分计算机中相似的硬件设备。

下面详细介绍怎样在设备管理器中查看硬件设备信息。

（1）在桌面上右击“计算机”系统图标，在弹出的快捷菜单中选择“属性”命令，如图 7-14 所示。

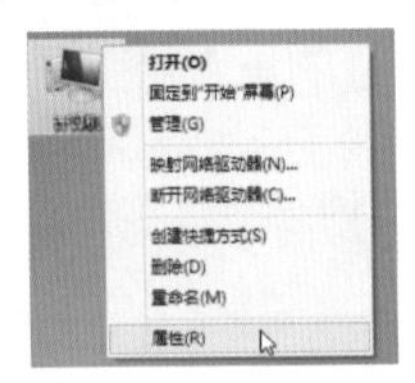

图 7-14 选择“属性”命令

（2）打开“系统”窗口，单击“设备管理器”链接，如图 7-15 所示。

图 7-15　单击“设备管理器”链接

（3）打开“设备管理器”窗口，如图 7-16 所示，可以看到，计算机的硬件设备都在其中显示了出来。

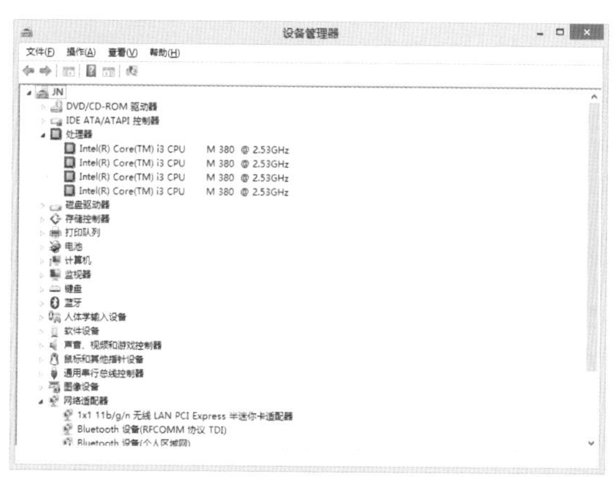

图 7-16　“设备管理器”窗口

7.2　计算机硬件驱动及安装

计算机的硬件安装完成后，没安装操作系统的机器称为裸机。当人们给裸机安装上操作系统后，计算机会自认一些设备的驱动程序，通常很多硬件是达不到最佳使用效果的，这时就需要给硬件安装上相应的驱动程序，如网卡驱动、显卡驱动、声卡驱动等。

设备驱动的英文名为 Device Driver，全称为“设备驱动程序”，是一种可以使计算机和设备通信的特殊程序，可以说相当于硬件的接口，操作系统只有通过这个接口才能控制硬件设备的工作，假如某设备的驱动程序未能正确安装，便不能正常工作。因此，驱动程序被誉为“硬件的灵魂”、“硬件的主宰”、“硬件和系统之间的桥梁”等。

如果计算机中缺少了与硬件相配合的驱动程序，硬件设备便无法对系统发出的命令进行理解，也就不能正常进行工作，即便是功能非常强大的计算机硬件，也无法发挥其作用，由此可见驱动程序对硬件的重要性。从理论上讲，驱动程序分为 BIOS 内置驱动、系统自带驱动、硬件厂商驱动三大类。

- BIOS 内置驱动：在实际的计算机使用中，用户可以发现，像 CPU、内存、主板、软驱、键盘、显示器等计算机基础设备，似乎并不需要安装驱动便可正常运行。这是因为在早期的计算机中，计算机只包括 CPU、内存、主板、软驱、键盘和显示器等标准组件，所以便直接将这几种计算机硬件驱动程序内置于 BIOS 中，用户直接将这些硬件组装完成便可发挥计算机最基本的功能。
- 系统自带驱动：人们经常会发现，当一台全新的计算机被安装上操作系统后，虽然还没有安装硬件驱动，但一些常用的计算机硬件，如网卡、显卡等却已经开始正常工作了。这是因为，Windows 操作系统自带了大量常用硬件设备的通用驱动，当用户成功安装了操作系统后，计算机将自动检测并连接到计算机的所有硬件设备，接着便自动安装这些设备的硬件驱动。
- 硬件厂商驱动：硬件厂商驱动是硬件厂商专为自己生产的硬件所开发的驱动程序。通过硬件厂商自己发布的驱动程序，可以完美发挥出硬件的全部性能。建议用户为计算机中的所有硬件设备安装厂商专门发布的硬件驱动，以便该硬件能发挥出更加完善、更加强劲的性能。

如果将驱动程序按承认度进行划分，可以分为官方正式版、微软 WHQL 认证版、第三方驱动、发烧友修改版和 Beta 测试版。

- 官方正式版：官方正式版驱动是指硬件厂商按照芯片厂商的设计进行研究并开发出来的，经过反复测试、校检和修正，通过最正规的官方渠道发布出来的官方驱动程序，所以通常也叫公版驱动。

- 微软 WHQL 认证版：WHQL（Windows Hardware Quality Labs）是微软公司对各硬件厂商驱动程序系统兼容性的一个认证，是为了测试该驱动程序和操作系统的兼容性及稳定性而制定的。只有能和 Windows 操作系统完美兼容的驱动程序，才能获得微软 WHQL 认证。几乎所有的官方正式版驱动程序都通过了微软 WHQL 认证。
- 第三方驱动：一般是指硬件 OEM 厂商发布的基于官方驱动优化而成的驱动程序，第三方驱动通常比官方正式版拥有更加完善的功能和更加强劲的整体性能。通常，笔记本电脑为达到更高的性能，所使用的驱动就是第三方驱动。

安装驱动时，按驱动程序的存放地址可以分为从磁盘安装（包括本地或外部存储设备，如 U 盘、光盘等）、在线安装、自动安装等。

使用光盘安装驱动程序是最常用的方法之一。当用户购买计算机硬件设备后，硬件厂商一般会附加一张相应的驱动光盘，用户只需使用该光盘即可完成硬件设备的驱动安装操作。

当然，除了单独购买的计算机硬件时会提供驱动安装光盘外，用户购买笔记本电脑或一体机时同样会提供驱动安装光盘，只不过该光盘提供的并非是某一单独硬件的驱动程序，而是计算机整体的硬件驱动，用户只需一张光盘便可安装该计算机中所有硬件的驱动软件。

接下来就以购买笔记本电脑时提供的驱动光盘为例，详细介绍使用光盘安装驱动程序的操作步骤。

（1）在计算机中打开驱动光盘，待计算机成功读取光盘中的数据后，双击需要安装的驱动程序，如图 7-17 所示。

（2）此时，弹出记录了该驱动详细信息的界面，单击 Install now 按钮，如图 7-18 所示。

（3）接着在弹出的对话框中选择“中文（简体）”选项，单击“确定”按钮，如图 7-19 所示。

（4）接下来在弹出的“开始复制文件”界面中单击“下一步”

按钮，如图 7-20 所示。

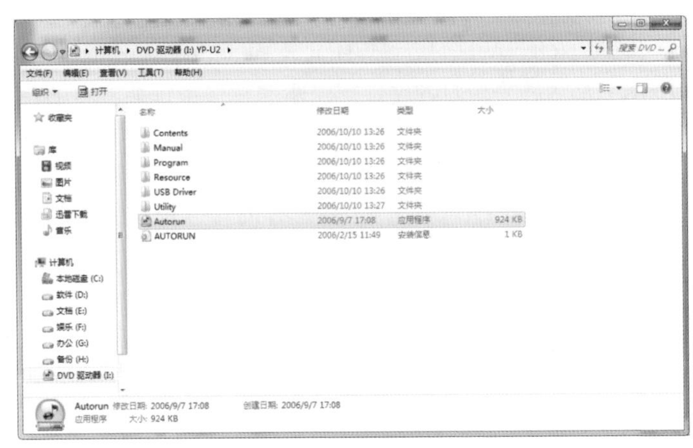

图 7-17　双击驱动程序

图 7-18　单击 Install now 按钮

图 7-19　选择安装语言

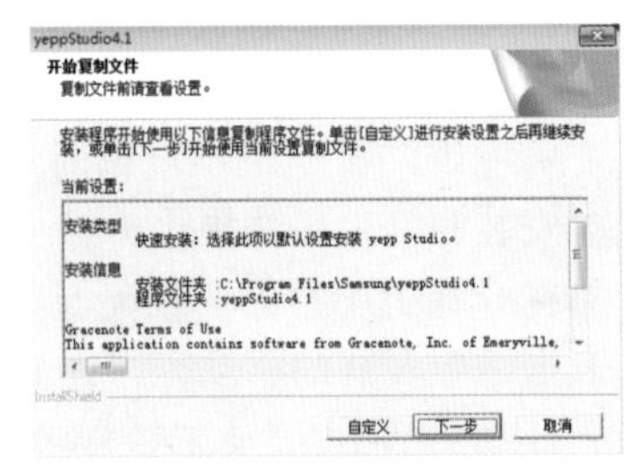

图 7-20　复制文件

（5）弹出“许可证协议”界面，单击“是”按钮，如图 7-21 所示。

（6）弹出“选择目的地位置”界面，用户可单击“浏览”按钮选择要将安装程序安装到的位置，然后单击“下一步”按钮，如图 7-22 所示。

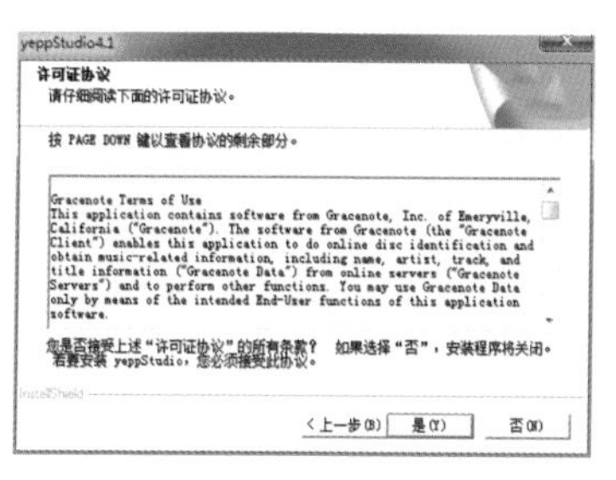

图 7-21　接受许可证协议

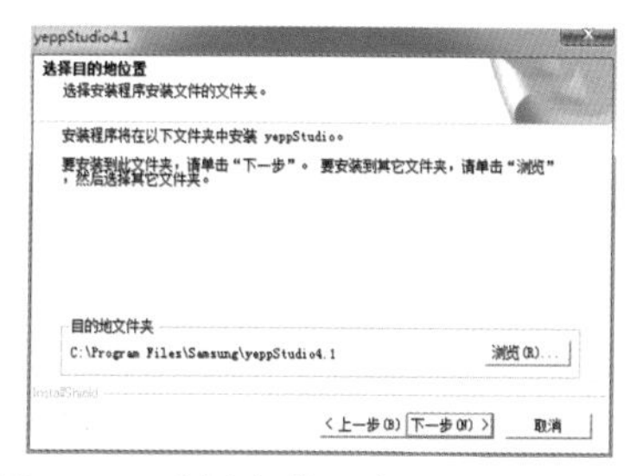

图 7-22　选择安装程序的目的文件夹

（7）弹出“安装状态”界面，如图 7-23 所示。安装完成后，单击“完成”按钮，则驱动安装完成。

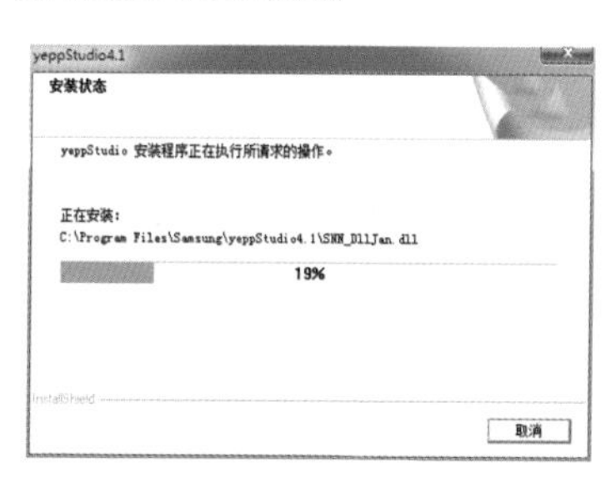

图 7-23　“安装状态”界面

7.3 设备管理器的操作

设备管理器是 Windows 8 操作系统中的一个十分重要的管理工具，用来管理计算机上的设备。用户可以通过设备管理器查看和更改设备属性、更新设备驱动程序、配置设备设置和卸载设备。所有设备都通过驱动程序与 Windows 通信。“设备管理器”窗口如图 7-24 所示。

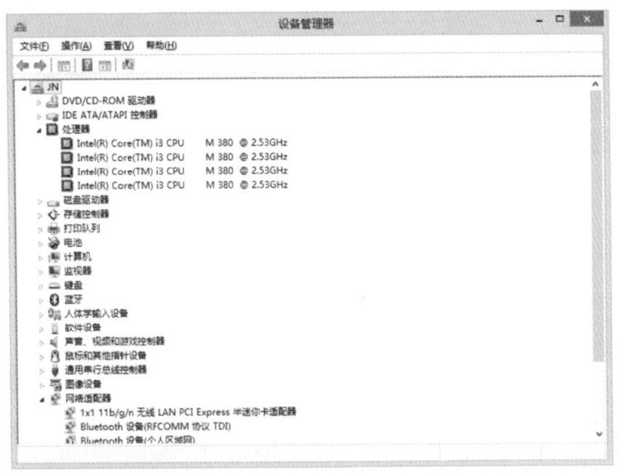

图 7-24 “设备管理器”窗口

7.3.1 查看硬件属性

用户如需查看硬件属性，操作步骤如下。

（1）右击硬件名称，在弹出的快捷菜单中选择“属性”命令，如图 7-25 所示。

图 7-25 选择“属性”命令

（2）此时弹出硬件的属性对话框，如图 7-26 所示，用户可根据需求查看硬件的各条信息。

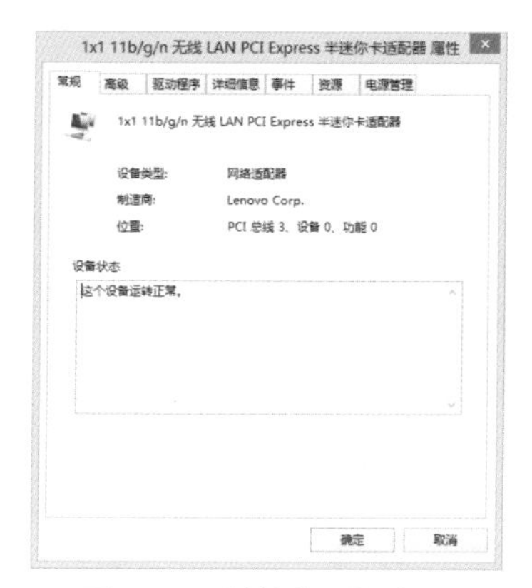

图 7-26　硬件的属性窗口

7.3.2　启用 / 禁用设备

用户在实际操作过程中，可随时禁用硬件设备，之后还可重新启用该设备。

禁用设备的具体操作很简单，只需右击该硬件设备，在弹出的快捷菜单中选择“禁用”命令，即可禁用该硬件设备，如图 7-27 所示。

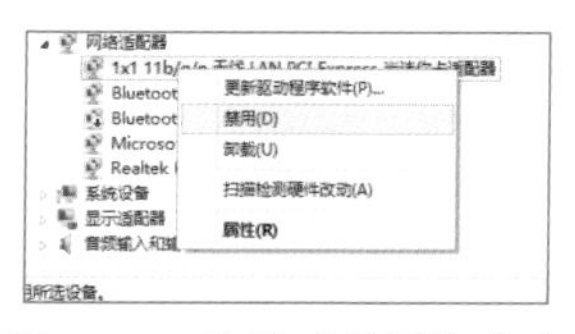

图 7-27　选择“禁用”命令

重新启用设备的操作方法与禁用设备的方法相似，这里不再赘述。

7.4　解决硬件发生冲突的方法

解决硬件冲突的方法有很多种，但总结起来有以下 3 种，分别为改变操作系统版本、升级 BIOS 及驱动程序和其他技巧。

• 改变操作系统版本：现阶段，由于 Windows 8 操作系统发布不久，其系统的硬件兼容性及稳定性还有待提升，故而改变（更换）操作系统版本不失为一个解决硬件冲突的好方法。

- 升级 BIOS 及驱动程序：这是解决硬件冲突最有效的方法，用户只需升级最新的主板 BIOS、显卡 BIOS 及最新的硬件设备驱动程序，便可有效地遏制硬件冲突。除此之外，安装主板芯片组的最新补丁程序也是必须的。
- 上面介绍的两种方法都是从根本上解决硬件冲突的方法，而第三种解决硬件冲突的方法却仅仅是治标不治本。技巧有二：其一，卸载出现硬件冲突的硬件设备驱动程序，将硬件设备重新拔插以后，让操作系统重新检测并安装驱动程序；其二，禁用暂时不需要使用的与硬件冲突的硬件设备。

对于以上 3 类解决硬件冲突的方法，若用户一一进行了尝试，基本上都能解决计算机中的硬件冲突故障。

8

Windows 8 多媒体功能

当今社会，计算机越来越普及，不管是哪个年龄段的人，都喜欢使用计算机来看电影、听音乐、看图片等，这些都是计算机的多媒体娱乐功能。那么最新的 Windows 8 操作系统的多媒体娱乐功能该怎么操作呢？下面来一起学习。

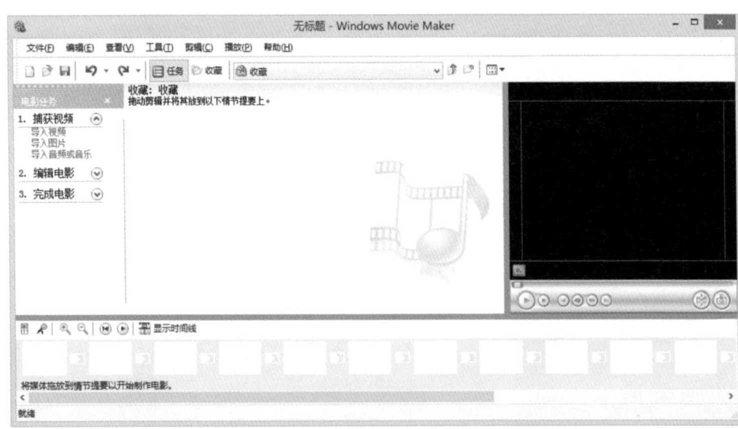

8.1 多媒体计算机概述

多媒体就是多重媒体的意思，是在计算机系统中组合两种或两种以上媒体的一种人机交互式的信息交流和传播媒体。多媒体可以理解为直接作用于人感官的文字、图形、图像、动画、声音和视频等各种媒体的统称，即多种信息载体的表现形式和传递方式。

顾名思义，多媒体计算机就是采用了多媒体技术的计算机。多媒体计算机对多媒体信息的处理包括输入、变换、存储、解压、传输、显示等。多媒体计算机如图 8-1 所示。

图 8-1 多媒体计算机

8.2 Windows Media Player

Windows Media Player 是 Windows 系统自带的一款播放器，支持插件增强功能。使用 Windows Media Player 可以播放多种类型的音频和视频文件，还可以播放和制作 CD 副本、播放 DVD（如果有 DVD 硬件）、收听 Internet 广播站、播放电影剪辑或观赏网站中的音乐电视。另外，使用 Windows Media Player 还可以制作自己的音乐 CD。

8.2.1 安装 Windows Media Player

用户在首次使用 Windows Media Player 程序时，需要进行初始设置，具体操作步骤如下。

（1）在“开始”屏幕的所有程序中，单击 Windows Media Player 按钮，如图 8-2 所示。

（2）进入 Windows Media Player 初始设置界面，选中“推荐设置”单选按钮，然后单击“完成”按钮，如图 8-3 所示。

（3）打开 Windows Media Player 程序界面，如图 8-4 所示。

图 8-2　单击 Windows Media Player 按钮

图 8-3　进行初始设置

图 8-4　Windows Media Player 程序界面

8.2.2　利用 Windows Media Player 播放音乐

在计算机中播放音乐的步骤很简单，下面进行介绍。

（1）右击要播放的音频文件，在弹出的快捷菜单中选择“打开方式”命令，然后在弹出的子菜单中选择 Windows Media Player 命令，如图 8-5 所示。

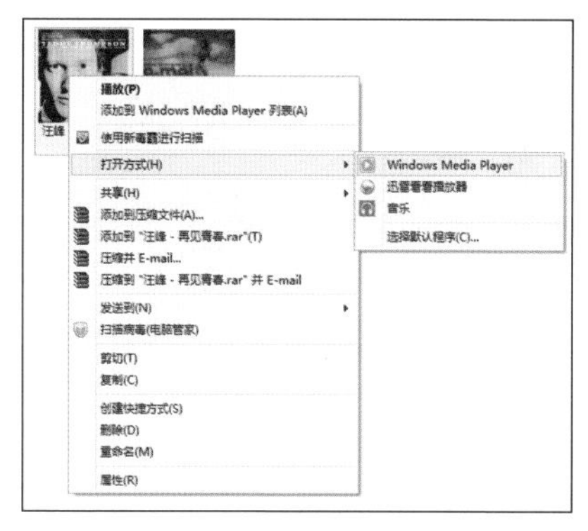

图 8-5　选择使用 Windows Media Player 打开音频文件

（2）此时即可启动 Windows Media Player 应用程序并播放该音乐文件，如图 8-6 所示。

图 8-6　在 Windows Media Player 中播放音乐

8.2.3 利用 Windows Media Player 播放视频

使用 Windows Media Player 播放视频的操作和播放音乐类似，下面进行介绍。

（1）右击待播放的视频文件，在弹出的快捷菜单中选择“打开方式”命令，然后在弹出的子菜单中选择 Windows Media Player 命令，如图 8-7 所示。

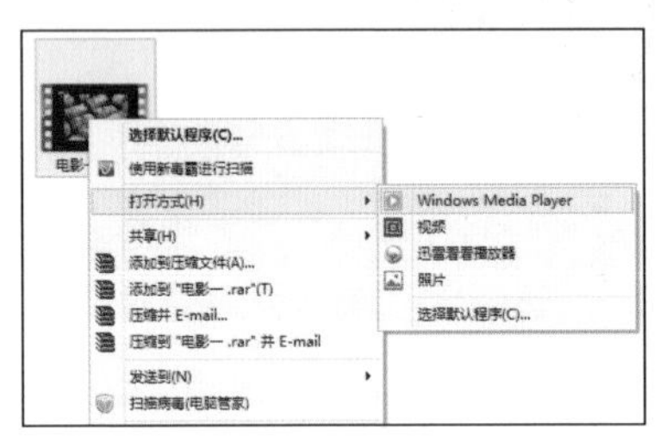

图 8-7 选择使用 Windows Media Player 打开视频文件

（2）此时即可启动 Windows Media Player 应用程序并播放该视频文件，如图 8-8 所示。

图 8-8 在 Windows Media Player 中播放视频

8.2.4 利用 Windows Media Player 在线试听音乐

Windows Media Player 应用程序还有在线试听音乐的功能，用户可以在 Windows Media Player 的在线商店中试听想听的音乐，具体操作步骤如下。

（1）在 Windows Media Player 窗口中单击“媒体库”左侧的三角形按钮，在弹出的下拉列表中选择“挖挖哇专业版”选项，如图 8-9 所示。

图 8-9　选择“挖挖哇专业版”选项

（2）打开“挖挖哇”在线音乐商店，如图 8-10 所示，用户可以选择喜欢的音乐进行试听。需要注意的是，用户试听音乐前，需要先注册账户并登录。

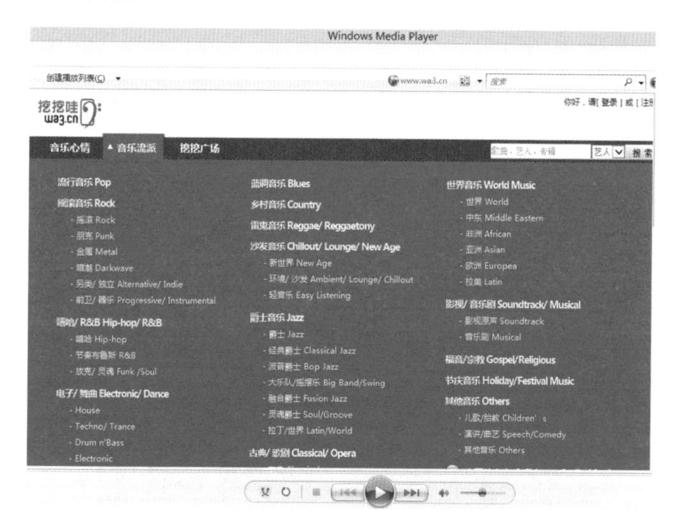

图 8-10　“挖挖哇”在线音乐商店

8.3 Windows 照片查看器

Windows 照片查看器是集成在 Windows 8 操作系统中的一个看图软件，它是最常用的图片浏览工具。

由于在 Windows 8 操作系统中没有将 Windows 照片查看器设置为系统默认的图片查看软件，所以用户需要手动选择使用照片查看器查看图片，具体的步骤如下。

（1）右击要查看的图片文件，在弹出的快捷菜单中选择“预览”命令，如图 8-11 所示。

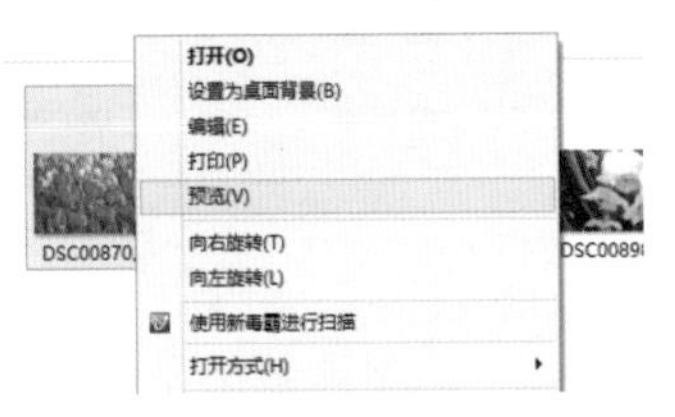

图 8-11　选择“预览”命令

（2）此时系统将自动启动 Windows 照片查看器应用程序，并在其中显示该图片文件的内容，如图 8-12 所示。

图 8-12　Windows 照片查看器

8.4　Windows Media Center

Windows Media Center 也叫做多媒体娱乐中心，它是一种运行于 Windows Vista 操作系统上的多媒体应用程序。Windows Media Center 除了能提供 Windows Media Player 应用程序的全部功能之外，还为用户提供了查看图片的功能。如图 8-13 所示为 Windows Media Center 软件的界面。

图 8-13　Windows Media Center 软件界面

在 Windows 8 操作系统中，Windows Media Center 并没有被内置于其中，用户需单击“超级任务栏”中的“搜索”按钮，并搜索“添加功能”，然后单击“向 Windows 8 添加功能”选项，即可将其添加至 Windows 8 中，如图 8-14 所示。

图 8-14　单击“向 Windows 8 添加功能”选项

8.4.1　查看照片

查看照片是 Windows Media Center 软件的一个重要功能，它可以帮助用户查看计算机中的各种图片文件。只需把图片添加Windows 图片库中，用户就可以在 Windows Media Center 中查看，具体操作如下。

（1）打开 Windows Media Center 软件窗口，选择“图片 + 视频”选项，如图 8-15 所示。

图 8-15 选择“图片 + 视频”选项

（2）在打开的图片 + 视频界面中，单击需查看的图片文件即可，如图 8-16 所示。

图 8-16 通过单击查看图片

8.4.2　播放音乐

Windows Media Center 作为 Windows 操作系统的娱乐中心，其音乐播放功能是十分强大的。在 Windows 8 操作系统中，用户向音乐库中添加音乐后，即可使用 Windows Media Center 软件进行播放。使用 Windows Media Center 软件播放音乐的具体操作步骤如下。

（1）打开 Windows Media Center 软件窗口，选择“音乐”选项，如图 8-17 所示。

图 8-17　选择“音乐”选项

（2）此后将打开音乐界面，单击所需播放的音乐即可播放音乐，如图 8-18 所示。

图 8-18　单击所需播放的音乐

8.5 Windows Movie Maker

Windows Movie Maker（Windows 影音制作）是 Windows 操作系统附带的一款影视剪辑软件，功能比较简单，可以组合镜头、声音，也可以加入镜头切换的特效，用户只要将镜头片段拖入 Windows Movie Maker 软件界面中即可，操作简单，适合家庭中对一些视频进行小规模的处理。

若 Windows 8 系统并没有预装 Windows Movie Maker 软件，则用户需要将程序下载到本地并安装后才能使用。

安装完成后，在“开始”屏幕的程序磁贴区可以显示其图标，打开后的 Windows Movie Maker 程序界面如图 8-19 所示。

图 8-19 Windows Movie Maker 程序界面

在开始制作电影前，首先要准备好制作电影的素材，即制作电影用的照片、视频片断、背景音乐和解说词等。

使用 Windows Movie Maker 导入文件时，用户需要注意文件的格式，下面介绍一下 Windows Movie Maker 程序所支持的文件格式。

- 支持的视频文件格式为 ASF、AVI、WMV、MPEG1、MPEG、MPG、MLV、MP2、ASF、WM、WMA、WMV。
- 支持的音频文件格式为 WAV、SND、AU、AIF、AIFC、AIFF、MP3。
- 支持的图片文件格式为 BMP、JPG、JPEG、JPG、TIFF、TIF、GIF。

8.5.1　导入素材

启动 Windows Movie Maker 程序后，在正式工作之前，首要工作就是把图片、音乐等素材导入到 Windows Movie Maker 中，具体操作步骤如下。

（1）打开 Windows Movie Maker 软件，单击“开始”选项卡下的“添加视频和照片”按钮，如图 8-20 所示。

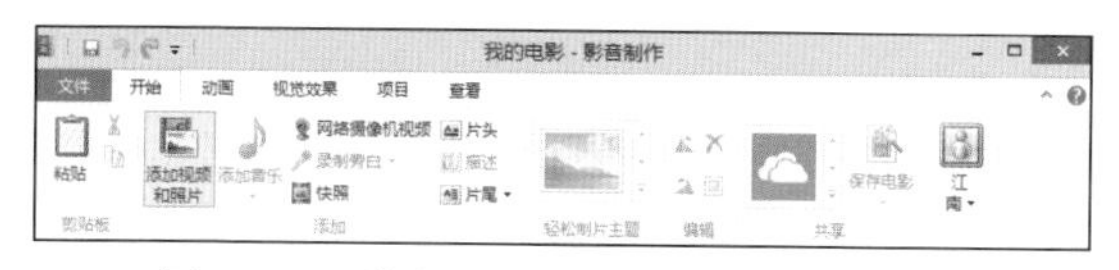

图 8-20　单击“添加视频和照片”按钮

（2）弹出“添加视频和照片”对话框，打开目录文件夹，选中需要的视频和图片，然后单击“打开”按钮，如图 8-21 所示。

图 8-21　选择需添加的视频和图片

（3）添加完视频和图片后的效果如图 8-22 所示。

（4）返回“开始”选项卡，单击“添加音乐”按钮，可以添加本地音乐或者网络音乐，如图 8-23 所示。

（5）添加完音乐后，在程序窗口中会出现“音乐工具”选项卡，在其中可以对添加的音乐进行设置，如图 8-24 所示。

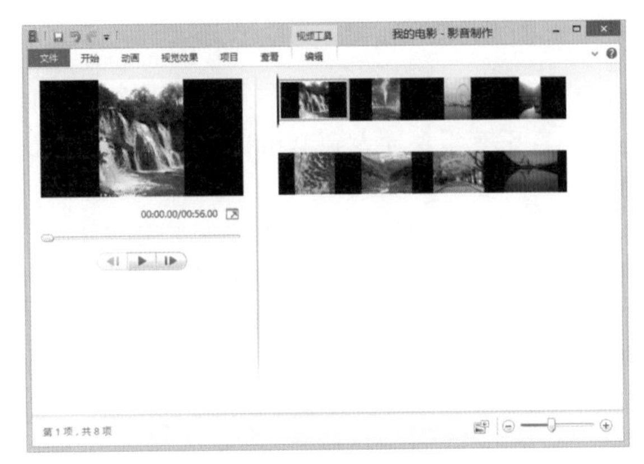

图 8-22　添加视频和图片后的效果

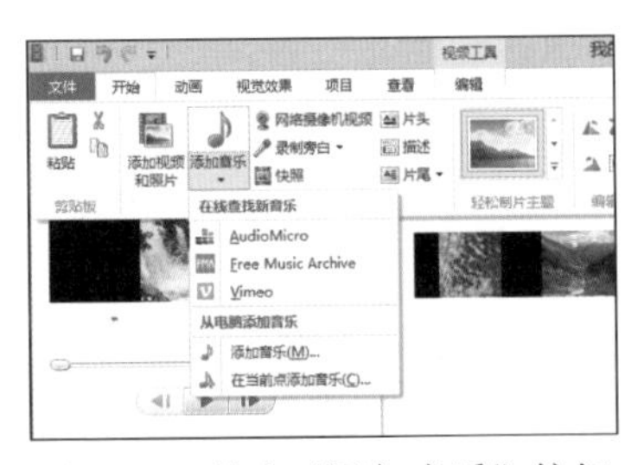

图 8-23　单击“添加音乐”按钮

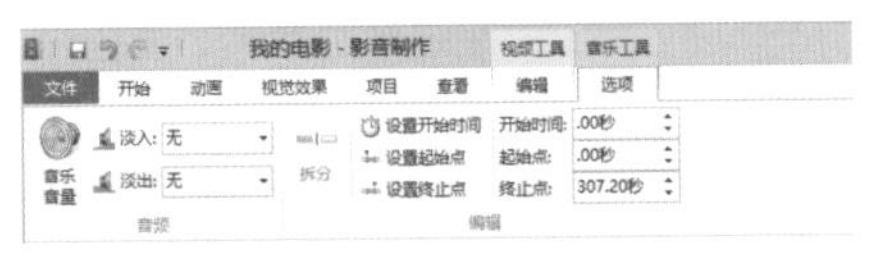

图 8-24　对音乐进行设置

8.5.2　电影保存

待用户使用导入的素材后，Windows Movie Maker 就自动生成一部简单而又完整的视频，用户可以将制作完成的视频保存为可播放的电影文件发布出去，以供更多人欣赏。

在 Windows Movie Maker 中保存电影的具体操作步骤如下。

（1）用户在 Windows Movie Maker 中将电影剪辑好后，单击“开始”选项卡下的“保存电影”按钮，如图 8-25 所示。

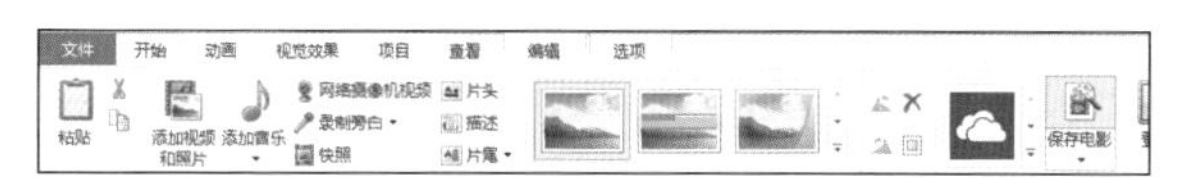

图 8-25　单击“保存电影”按钮

（2）在弹出的“保存电影”对话框中，输入电影名称，选择好电影的存放位置后，单击“保存”按钮，如图 8-26 所示。

图 8-26　为电影命名并选择保存电影的位置

（3）此时系统开始保存电影，并弹出保存进度的对话框，如图 8-27 所示。此过程较慢，用户需耐心等待。

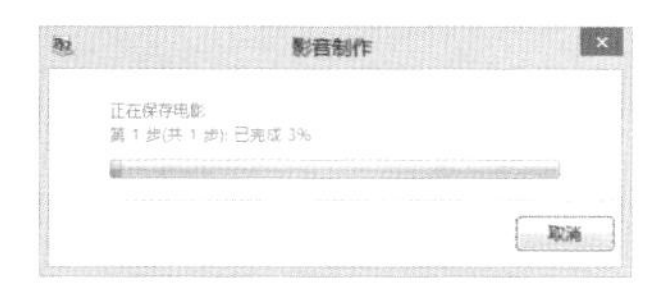

图 8-27　正在保存电影

（4）电影保存完毕后，单击“关闭”按钮，即可完成电影保存，如图 8-28 所示。

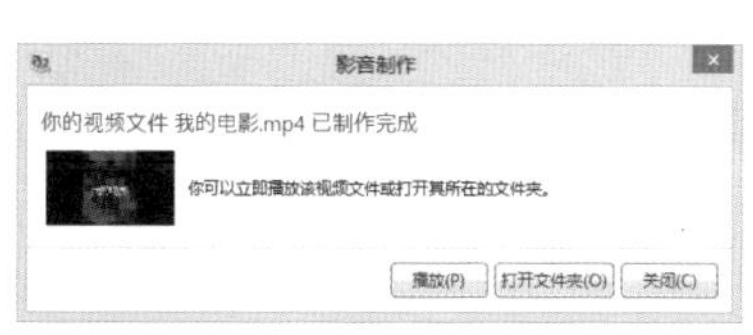

图 8-28　电影保存完成

9

Windows 8 的“开始”屏幕——Metro 界面的具体介绍

“开始”屏幕完全取代了 Windows 以往版本中的“开始”菜单。几乎所有旧版的 Windows“开始”菜单功能都被替换，并移至新的“开始”屏幕。应用程序不是以一个独立的图标显示在用户面前的，而是以图块的方式显示。

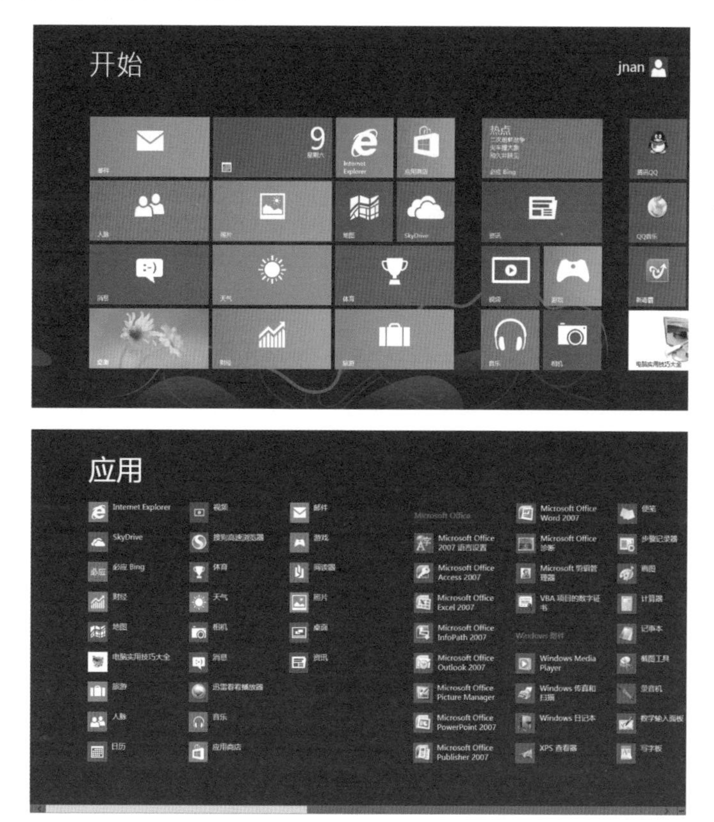

9.1　认识“开始”屏幕

登录 Windows 8 操作系统后，没有了以往 Windows 版本操作系统中的桌面，而是全新的 Metro 界面，这就是 Windows 8 操作系统的“开始”屏幕。Windows 8 的“开始”屏幕设计风格优雅，每个应用程序以独立的图标显示，可以令用户在视觉上感觉美观，使用快捷、流畅，如图 9-1 所示。

图 9-1 Windows 8 的“开始”屏幕

9.1.1 “开始”屏幕的访问方式

Windows 8 的另一项主要变化是“开始”屏幕的访问方式。从 Windows 95 开始，每个版本的 Windows 任务栏上都有某种形式的“开始”按钮，但 Windows 8 则不同，任务栏左侧第一个图标就是固定的应用程序图标，而不是“开始”按钮，如图 9-2 所示。

图 9-2 任务栏无“开始”按钮

用户可以通过两种方式返回“开始”屏幕。

- 将鼠标指针放在屏幕右上角或左上角即可触发超级按钮栏，然后在弹出的界面中单击“开始”按钮即可，如图 9-3 所示。

图 9-3 单击“开始”按钮

- 将鼠标指针放在屏幕左下角，弹出“开始”屏幕缩略图，单击即可，如图 9-4 所示。

图 9-4　单击“开始”屏幕缩略图

9.1.2 “开始”桌面的磁贴

在传统的桌面界面中，应用程序使用图标启动，即利用小图标链接到可执行文件。在新的 Metro 风格“开始”屏幕中，图标的概念已演变为代表应用程序的新理念，称为“图块”或者“磁贴”，如图 9-5 所示。

图 9-5　“桌面”、“财经”、“旅游” 3 个磁贴

动态磁贴可直接在“开始”屏幕上显示应用程序的其他信息。即在许多情况下，用户甚至无须打开应用程序即可获得所需的信息。应用程序可在“开始”屏幕上动态显示信息，甚至无须打开即可接收并更新。例如，天气应用程序磁贴会显示用户所在区域当天的天气，这些全部显示在磁贴上，而无须打开应用程序进行查看，如图 9-6 所示。

图 9-6　动态磁贴

如果要关闭动态磁贴，可通过右键单击磁贴，然后在弹出的界面中单击“关闭动态磁贴”按钮即可，如图 9-7 所示。

用户可以将单个应用程序固定多个磁贴，每个磁贴显示不同的信息。第一个磁贴通常是应用程序磁贴，用户可以固定其他内容磁贴来显示不同的内容。

只有 Windows Metro 风格的应用程序才会在“开始”屏幕上的

磁贴里显示附加信息，这是 Windows 8 自带的新型应用程序。

图 9-7 单击“关闭动态磁贴”按钮

9.1.3 桌面应用程序

Windows 8 支持的另一种应用程序是桌面应用程序。桌面应用程序是 Windows 8 之前版本的 Windows 应用程序的基本内容。桌面应用程序在“开始”屏幕上也有磁贴，但它们是静态的，而且只包含应用程序的图标和标题如图 9-8 所示的 Microsoft Office 应用程序磁贴即是桌面应用程序图块的示例。

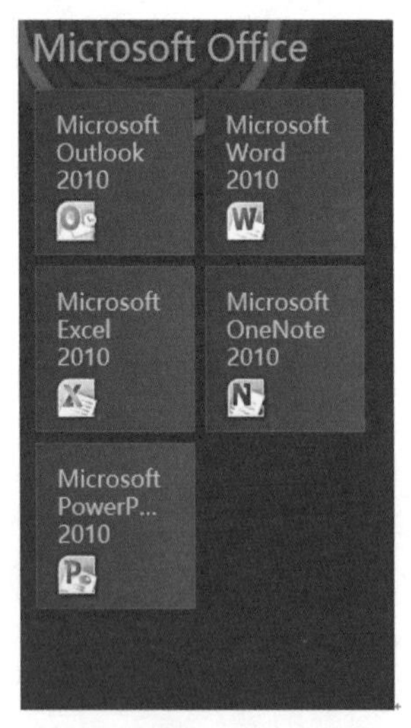

图 9-8 桌面应用程序磁贴

安装新的 Windows Metro 风格应用程序或桌面应用程序时，“开始”屏幕上会出现相应的磁贴。这些磁贴可以取消固定，但取消固定磁贴不会卸载应用程序。与旧版“开始”菜单相似，桌面应用程序磁贴使用应用程序的快捷方式，删除快捷方式并不会删除应用程序。

9.2　Windows Metro 风格应用程序的详细介绍

Windows 8 操作系统中变化最大的莫过于“开始”屏幕了，而 Windows 8 系统特有的 Metro 应用便放置在此处。通过使用 Windows 8 的 Metro 附件应用，可以极大地方便用户的日常生活和工作。

9.2.1　“人脉”磁贴

初装 Windows 8 系统时，“人脉”磁贴是 Windows 8 操作系统默认自带的众多 Metro 应用中的一个。“人脉”磁贴如图 9-9 所示。

图 9-9　“人脉”磁贴

“人脉”应用程序主要用于记录和保存联系人信息。在 Windows 8 操作系统中，“人脉”、“邮件”、“日历”、“消息”4 个不同的 Metro 应用程序被深度整合到一起，用户可在使用“邮件”、“日历”和“消息”时随时从“人脉”中获取联系人信息。“人脉”Metro 应用程序并非是简单的本地应用程序，用户在使用该程序时必须要先添加一个 Microsoft 账号（在计算机初装系统时，注册的 Microsoft 账号）。只有添加了这个账号，用户才能正常使用“人脉”、“邮件”、“日历”和“消息”这 4 个 Metro 应用程序。

“人脉”应用程序最主要的作用是使用户在所有使用 Windows 8 操作系统的设备中轻松查看同步到网上的联系人信息。用户只需在打开的“人脉”主界面任意处右击，然后在弹出的界面中单击底部的“新建”按钮，如图 9-10 所示，然后在转到的新界面中输入联系人信息，最后单击“保存”按钮，如图 9-11 所示，便可完成添加联系人操作。

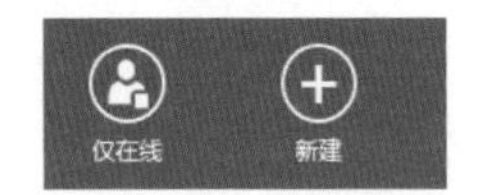

仅在线
新建

图 9-10 单击“新建”按钮

保存
取消

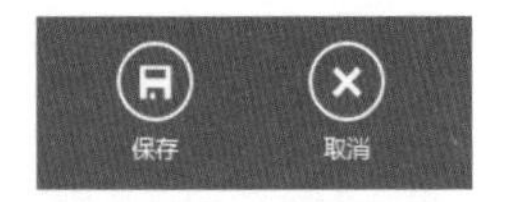

图 9-11 单击“保存”按钮

9.2.2 “日历”磁贴

“日历”应用程序是 Windows 8 自带的一款日程管理类软件。通过该应用程序，用户可非常轻松地查看日历和添加日程安排。“日历”磁贴如图 9-12 所示。

9
星期六

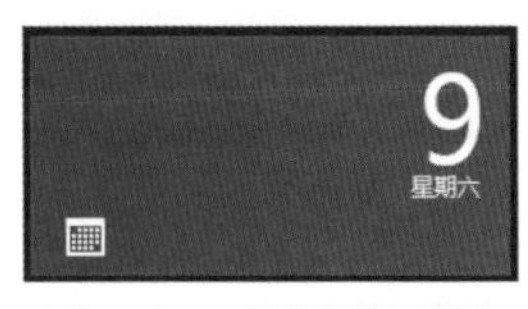

图 9-12 “日历”磁贴

“日历”Metro 应用程序为“开始”屏幕中的默认开启动态磁贴，用户可直接在“日历”磁贴上查看当前日期和星期。

1. 查看日历

单击屏幕上的“日历”磁贴可以查看日历，如图 9-13 所示。

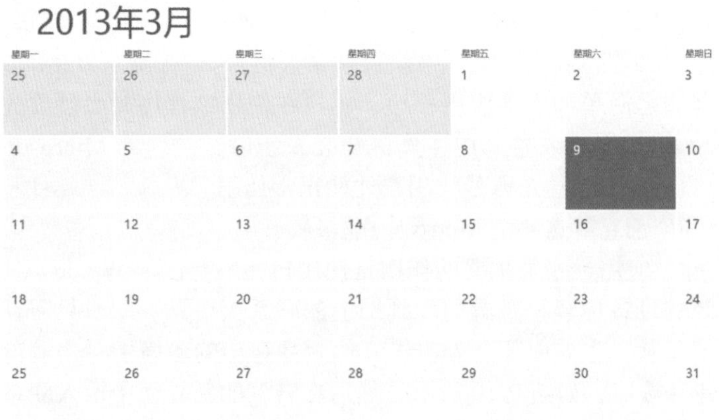
2013年3月
星期一
星期二
星期三
星期四
星期五
星期六
星期日
25 26 27 28 1 2 3
4 5 6 7 8 9 10
11 12 13 14 15 16 17
18 19 20 21 22 23 24
25 26 27 28 29 30 31

图 9-13 打开的“日历”磁贴

“日历”Metro 应用程序有“日”、“周”和“月”3 种不同的日历视图，用户可随意在 3 种界面中切换。切换视图的方法非常简单，用户只需在“日历”界面任意处右击，然后在弹出的界面中单击底部的“日”、“周”、“月”按钮即可切换不同日历视图，“月”视图如图 9-14 所示。

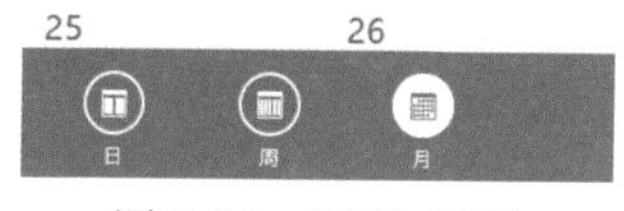

图 9-14　“月”视图

2. 添加日程安排

“日历”应用程序最主要的功能就是管理日程安排，用户可以通过在“日历”程序中添加日程安排来进行日程管理。

添加日程安排的方法如下：在“日历”界面任意处右击，然后单击弹出界面底部的“新建”按钮，如图 9-15 所示，然后在切换至的界面中输入详细的日程安排，最后单击屏幕上方的“保存此活动”按钮，即可完成添加日程安排的操作，如图 9-16 所示。

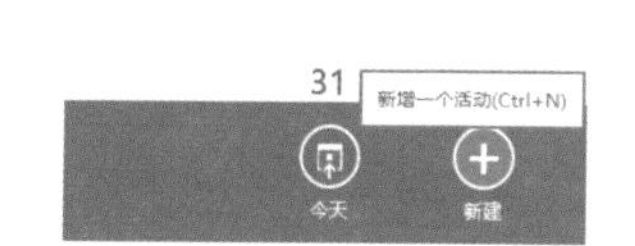

图 9-15　单击“新建”按钮

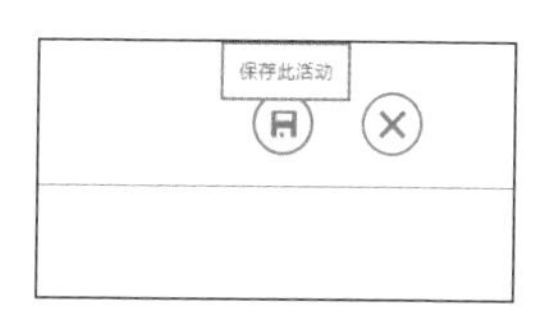

图 9-16　单击“保存此活动”按钮

9.2.3 “消息”磁贴

“消息”应用程序是微软公司在 Windows 8 操作系统中内置的一个即时在线聊天软件。“消息”事实上就是使用 Microsoft 账户登录的 MSN，用户可以将其理解为 Metro 版的 MSN 聊天软件。“消息”磁贴如图 9-17 所示。

图 9-17　“消息”磁贴

“消息”应用程序的功能是与好友发送

消息和表情，但不能发送图片、文件等非聊天信息，打开后的“消息”程序如图 9-18 所示。

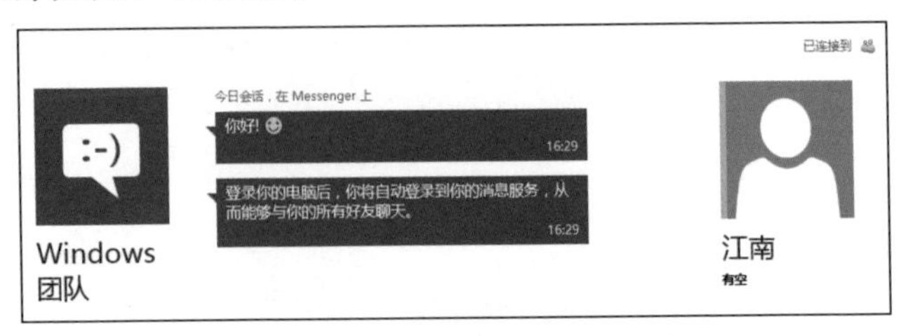

图 9-18 打开后的“消息”程序

9.2.4 “邮件”磁贴

“邮件”应用程序是 Windows 8 操作系统内置的邮箱本地客户端。使用“邮箱”应用程序，用户可以不在浏览器中登录邮箱就直接在“邮件”应用程序中发送、回复和管理邮件。“邮件”Metro 应用程序在“开始”屏幕的程序磁贴如图 9-19 所示。

图 9-19 “邮件”磁贴

1. 创建用户账户

“邮件”账户需要用户自己原有的邮箱账户，具体操作如下：单击“邮件”磁贴，首次进入“邮件”应用程序界面，然后在屏幕左边选择需要连接的邮箱名称，如图 9-20 所示，然后输入用户已有的邮箱账号和密码即可登录邮箱。

登录完成之后的邮箱界面如图 9-21 所示。

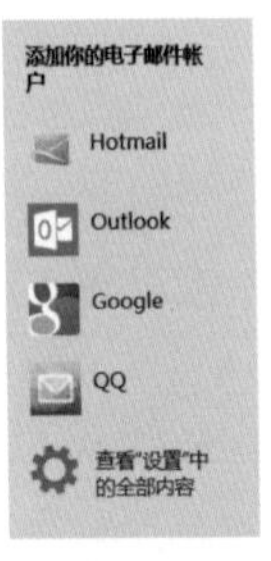

图 9-20 选择所需的邮箱

图 9-21　登录完成后的邮箱界面

2. 发送 E-mail

“邮件”磁贴顾名思义就是 E-mail 工具。作为一款本地邮箱客户端，发送邮件是其最基本的功能。使用“邮件”应用程序发送邮件的操作非常快捷，用户启动“邮件”应用程序后，单击界面右侧的“新建”按钮，如图 9-22 所示。切换至“添加主题”界面，在界面左侧输入邮件联系人后，在界面右侧输入邮件信息，最后单击“发送”按钮即可发送该邮件，如图 9-23 所示。

图 9-22　单击“新建”按钮

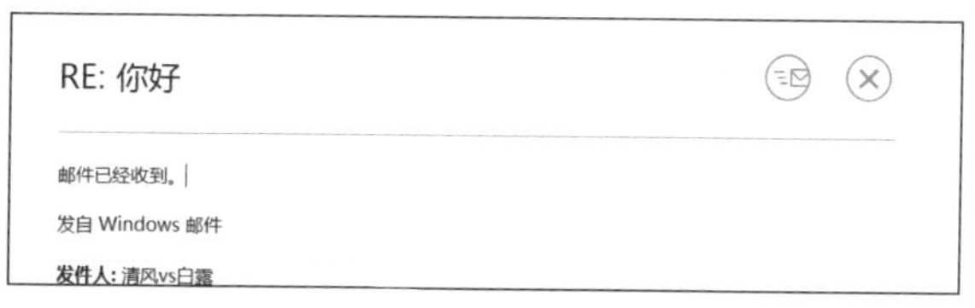

图 9-23　输入并发送邮件

3. 回复 E-mail

用户收到邮件后，如需要回复信件，只需单击“答复”按钮，然后在展开的列表中选择“答复”选项，如图 9-24 所示。转换到新的界面，在界面右侧输入回复内容后，单击“发送”按钮即可完成回复邮件的操作，如图 9-25 所示。

图 9-24　选择“答复”选项

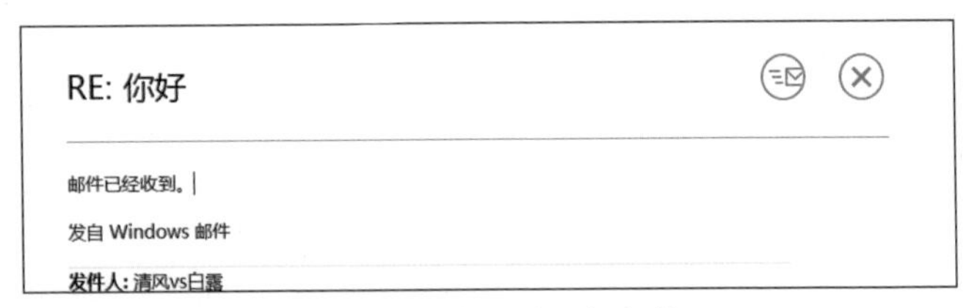

图 9-25 输入并回复邮件

4. 刷新邮箱

用户在使用“邮件”应用程序时，可能会出现接收的邮件不能及时显示的情况，这时需要用户刷新邮箱状态，这个过程在 Windows 8 操作系统中称为邮件同步。

通过邮件的同步，用户可随时在“邮件”应用程序中查看最新的电子邮件信息。若用户需查看最新的邮件信息，只需手动进行一次邮件同步即可。“邮件”应用程序的邮件同步操作非常简便，用户只需在“邮件”主界面任意处右击，然后单击弹出界面底部的“同步”按钮，即可开始邮件同步，如图 9-26 所示。

图 9-26 单击“同步”按钮

9.2.5 “照片”磁贴

“照片”应用程序是 Windows 8 操作系统中默认的图片查看软件，用户在计算机中打开任意图片都将默认启动该应用程序，“照片”磁贴如图 9-27 所示。

图 9-27 “照片”磁贴

在“照片”应用程序中查看图片实际上是一件非常简单的事，用户直接双击需要查看的图片，即可启动“照片”应用程序查看该图片。

除此之外，“照片”应用程序可直接查看照片库中的图片，具体操作为：单击“照片”磁贴打开“照片”应用程序，单击“图片库”

按钮，如图 9-28 所示，在新打开的“图片库”界面中选择想要查看的照片，如图 9-29 所示。

图 9-28　单击“图片库”按钮

图 9-29　在图片库中选择想要查看的图片

打开后的图片以全屏显示，如图 9-30 所示。

图 9-30　全屏显示的图片

需要注意的是，在 Windows 8 操作系统中，“图片”应用程序不仅仅是一款本地图片查看工具，它还是一款网络图片查看工具。在“图片”应用程序中，用户可以通过账户登录的方式查看到保存在

SkyDrive、Facebook 及 Flickr 中的照片。

9.2.6 “音乐”磁贴

“音乐”应用程序是 Windows 8 操作系统自带的音乐播放软件。通过“音乐”应用程序，用户可轻松播放计算机中的音乐文件。由于“音乐”应用程序为 Windows 8 操作系统默认的音乐播放程序，所以用户双击音乐文件时将自动打开“音乐”应用程序进行播放。“音乐”磁贴如图 9-31 所示。

图 9-31 “音乐”磁贴

1. 播放 / 暂停音乐

使用“音乐”应用程序播放音乐很简单，用户只需双击音乐文件即可，但是这样只能播放一首音乐，而不能播放不同的歌曲。其实，使用“音乐”应用程序可以直接查看和播放音乐库中的所有文件，用户只需将音乐文件包含至音乐库中，即可在“音乐”应用程序中进行播放。

播放和暂停音乐的具体操作为，用户启动“音乐”应用程序后，单击“歌曲”按钮，然后在界面右侧单击需播放的音乐，最后单击“打开”按钮即可播放音乐，如图 9-32 所示。若需暂停播放，则单击屏幕底部的“暂停”按钮，如图 9-33 所示。

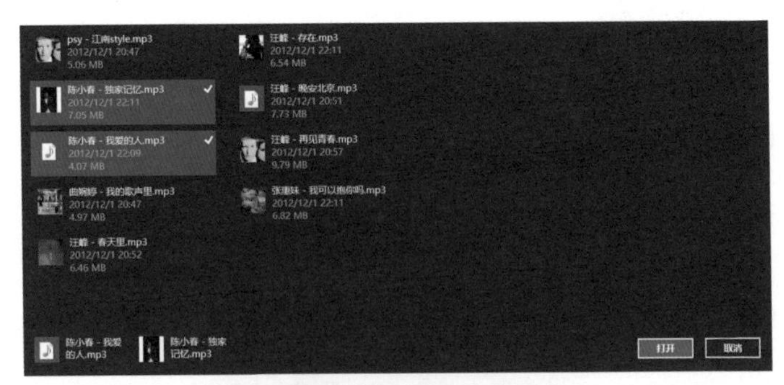

图 9-32 播放音乐

图 9-33 暂停播放音乐

2. 改变“正在播放”列表 / 切换播放模式

“音乐”应用程序靠播放列表来播放不同的音乐。若用户不使用播放列表的方式播放音乐，则该应用将不会播放其他的歌曲。当播放单独的一首音乐时，“音乐”应用程序默认将其添加至“正在播放”列表，此时，用户也可将其他需要播放的音乐添加至“正在播放”列表。添加到“正在播放”列表的方法非常简单，用户只需单击需添加到“正在播放”列表的音乐，然后单击该音乐选项右侧的“添加到‘正在播放’”按钮即可完成添加，如图 9-34 所示。

图 9-34　单击“添加到‘正在播放’”按钮

9.2.7 “视频”磁贴

Windows 8 操作系统自带了两款视频播放软件，分别为“视频”Metro 应用程序和 Windows Media Player 应用程序。这两款应用程序都具有强大的视频播放与管理功能，“视频”应用程序在 Windows 8 操作系统中是默认的视频播放软件，而 Windows Media Player 则是微软公司出品的一款久负盛名的视频播放器。“开始”屏幕中的“视频”磁贴如图 9-35 所示。

图 9-35　“视频”磁贴

1. 播放视频

“视频”应用程序作为 Windows 8 操作系统特有的 Metro 版应用，和“音乐”应用、“照片”应用一样，可以直接查看和播放视频库中的视频文件。当用户把视频文件所在的文件夹包含至视频库中后，便可直接在“视频”主界面中通过单击需播放的视频进行视频播放，如图 9-36 所示。

图 9-36 在“视频”应用程序界面中选择所需播放的视频

正在播放的视频如图 9-37 所示。

图 9-37 正在播放中的视频

2. 播放视频时的操作

在播放视频时，暂停和快进是使用频率最高的两个操作，“视频”应用程序针对这两种不同的操作进行了最大可能的优化，并将按钮放置于视频播放器中部。单击“暂停”按钮即可暂停视频播放，如图 9-38 所示。“快退”按钮和“快进”按钮分别位于“暂停”按钮两侧，用户可单击相应按钮进行快进或快退操作。

图 9-38 暂停播放中的视频

9.2.8 “应用商店”磁贴

“应用商店”应用软件是微软公司在 Windows 8 操作系统中全新推出的一个购买、下载 Metro 版应用程序的在线购买平台。通过该应用商店，用户可直接购买需要的应用程序。在此商店购买的所有应用程序都将下载并安装到用户的计算机中。“应用商店”磁贴如图 9-39 所示。

图 9-39 “应用商店”磁贴

Windows 8 操作系统中的应用商店和苹果公司及安卓平台的应用商店非常相似，它们都有一定的地域限制，所以用户具体操作时可能会遇到无法从应用商店中下载并安装某些应用程序的情况。

1. 打开应用商店

“应用商店”应用程序需要用户登录账号后才能购买和下载，具体步骤和上面的步骤一样。打开后的“应用商店”应用程序界面如图 9-40 所示。

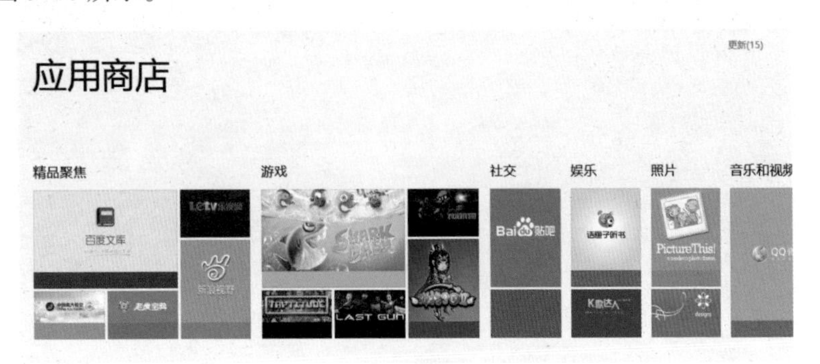

图 9-40 “应用商店”应用程序界面

2. 下载应用程序

在“应用商店”应用程序中下载应用程序十分简单，用户只需购买应用程序并确定安装后，“应用商店”才自动将应用程序下载并安装至计算机中。具体步骤是，选择需要下载的程序，如“百度文库”，如图 9-41 所示，然后切换到百度文库界面，单击“安装”按钮即可开始下载该程序，如图 9-42 所示。

图 9-41 选择需要下载的程序

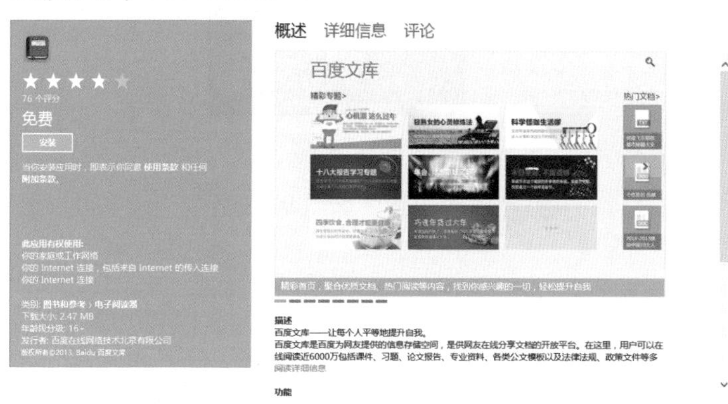

图 9-42　单击“安装”按钮

3. 删除应用程序

在 Windows 8 操作系统中，Metro 应用程序是一种仅仅在“开始”屏幕中运行的但并不能从控制面板中将其卸载的程序。Metro 应用程序的删除操作是在“开始”屏幕中进行的，删除 Metro 应用程序十分简单，没有传统程序软件卸载时的烦琐。具体操作如下：用户需要删除 Metro 应用程序时，只需右击要删除的应用程序，然后单击弹出界面下方的“卸载”按钮，即可完成整个卸载操作，如图 9-43 所示。

图 9-43　单击“卸载”按钮卸载应用程序

9.2.9 “财经”磁贴

“财经”应用程序是“必应 Bing 财经”网站中财经新闻和信息的新闻类阅读软件。通过“财经”应用程序，用户可随时掌握最新的财经信息。“财经”磁贴如图 9-44 所示。

图 9-44 “财经”磁贴

打开后的“财经”应用程序如图 9-45 所示。用户可以滚动鼠标滚轮自行查阅。

图 9-45 打开后的“财经”应用程序

9.2.10 “旅游”磁贴

“旅游”应用程序是一款集查找目的地、浏览景点风景图片和搜索酒店的多功能旅行类应用程序。Windows 8 操作系统自带的“旅游”应用程序一定会让喜欢去世界各地观光旅游的用户在旅行中有不一样的感受。“旅游”磁贴如图 9-46 所示。

图 9-46 “旅游”磁贴

1. 旅游目的地的预览

“旅游”应用程序的“目的地”版块中搜集了大量的世界各地著名旅游景点和相应图片，用户完全可以在其中查找自己想去的旅游胜地。

在“旅游”应用程序的“目的地”版块中查找旅游目的地的方法是十分简单的，用户只需单击“旅游”磁贴进入“旅游”应用程序的主界面，然后在任意处右击，接着单击屏幕顶部的“目的地”按钮，如图 9-47 所示。在切换至的界面中即可看到所有著名的旅游目的地信息，此时用户可随意查找想去的旅游胜地，“目的地”版块如图 9-48 所示。

图 9-47 单击“目的地”按钮

图 9-48 “目的地”版块

2. 浏览景点风景照片

在“目的地”版块中，用户还可以直接浏览旅游目的地的景点风景图片。用户只要在“目的地”版块中单击旅游目的地，进入相应的旅游目的地界面后即可在该界面的“图片”和“全景”

两个小版块中查看该目的地的风景照片，用户单击图标就可查看，如图 9-49 所示。

图 9-49　浏览景点风景照片

3. 查找酒店信息

此操作与上述操作类似。查找酒店界面如图 9-50 所示。

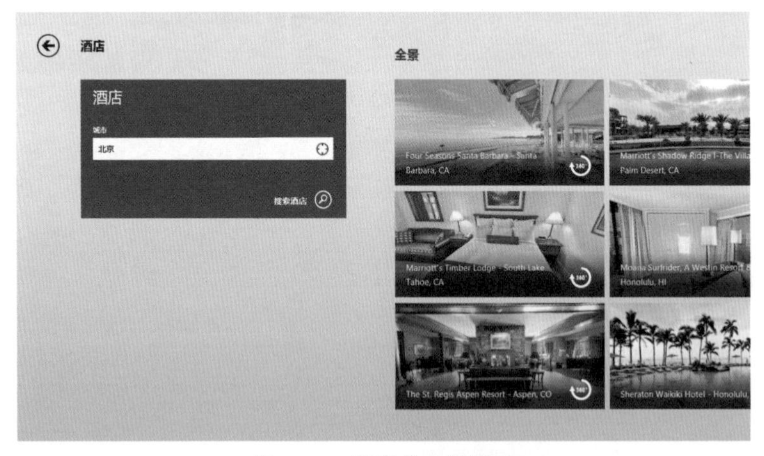

图 9-50　酒店的查找界面

9.2.11 “体育”磁贴

“体育”应用程序是一款和“财经”应用程序类似的由“必应Bing”网站提供的具体资讯为体育类新闻查看的应用程序。“体育”磁贴如图 9-51 所示。

图 9-51　“体育”磁贴

“体育”应用程序包含“今日”、“最喜爱的球队”、NBA、“英超联赛”、“西甲联赛”、“高尔夫”、F1 和“所有体育赛事”、“精选网站”九大版块，如图 9-52 所示。用户喜欢的体育赛事都可以轻松在“体育”应用程序中浏览到对应的最新新闻资讯。

图 9-52　九大版块

9.2.12 “地图”磁贴

“地图”应用程序是 BING（必应）网站的在线地图服务应用软件。Windows 8 操作系统的“地图”应用程序和 Google 地图在功能上非常相似，它也可以直接查找指定地点和位置，并在定位位置后查看具体的行程路线。“地图”磁贴如图 9-53 所示。

图 9-53　“地图”磁贴

1. 定位服务

用户在启动“地图”应用程序后右击界面的任何位置，然后单击屏幕下方的“我的位置”按钮，如图 9-54 所示，即可定位现在用户的所在位置。

图 9-54 单击“我的位置”按钮

2. 搜索指定地点

在进入“地图”应用程序的主界面后按【Win+Q】组合键，然后在屏幕右侧的搜索栏中输入指定地点关键字，如图 9-55 所示，单击“搜索”按钮后即可在屏幕左侧看到搜索结果。

图 9-55 输入指定地点

3. 查找路线

用户在实际操作中会遇到查找行程路线的需求。“地图”应用程序作为一款地图类应用程序，其最强大的功能便是帮助用户查找行程路线。具体操作如下：

用户在查找到指定的地点后，在屏幕中任意地点右击，然后单击屏幕底部的“路线”按钮，如图 9-56 所示，再在“路线”界面中上方的文本框中输入起始地点地址，然后单击“搜索”按钮，如图 9-57 所示。

图 9-56 单击“路线”按钮

图 9-57 输入起点后单击“搜索”按钮

此时，用户便可在屏幕左侧查看到详细的行程路线，如图 9-58 所示。

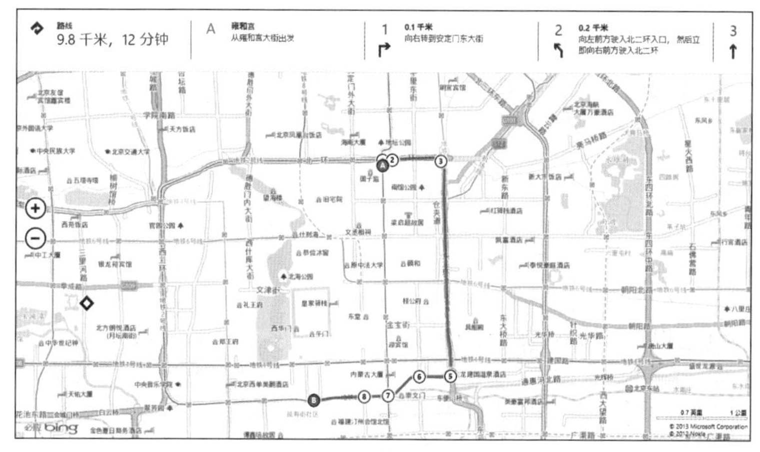

图 9-58　获取的路线

9.2.13 “天气”磁贴

“天气”应用程序是一款天气预报类的应用程序，“天气”磁贴如图 9-59 所示。

图 9-59 “天气”磁贴

打开“天气”应用程序后，可以为用户提供当天的天气预报情况以及接下来一天的天气预报，如图 9-60 所示。

图 9-60　显示的天气预报

使用“天气”应用程序还可以查看世界上任意城市的天气状况，但是需用户手动添加城市。具体操作步骤如下。

（1）首先打开“天气”应用程序，右击屏幕任意处，在弹出界面的顶部单击“地点”按钮，如图 9-61 所示。

（2）然后切换至地点收藏夹界面，单击“添加”按钮，如图 9-62 所示。

图 9-61 单击“地点”按钮

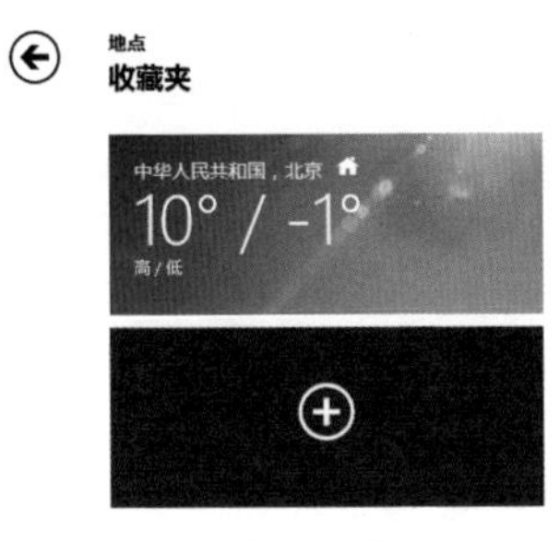

图 9-62 单击“添加”按钮

（3）在弹出的界面中输入要添加的城市名称，单击“添加”按钮，如图 9-63 所示。

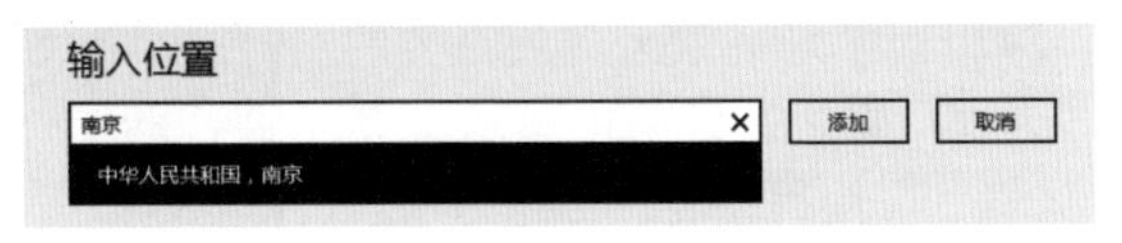

图 9-63 输入城市名称后单击“添加”按钮

（4）最后返回地点收藏夹界面，此时用户可看到刚才添加的城市已经出现在此处了，如图 9-64 所示。

图 9-64 完成城市添加后的界面

9.3　Windows 8 Metro 界面超级按钮栏

在 Windows 8 操作系统中，超级按钮栏是指当鼠标指针放在显示屏的右上角或右下角时出现的一个按钮栏，如图 9-65 所示。

图 9-65　超级按钮栏

用户可以看到，“超级按钮栏”中有“搜索”、“共享”、“开始”、“设备”、“设置”5 个图标，这些图标称为超级按钮。当用户将鼠标指针放在显示屏的右上角或右下角时会显示超级按钮栏中的超级按钮，但不会显示黑色背景。将鼠标指针向中心移动时会显示黑色背景，此时可以激活超级按钮栏，如图 9-66 所示。

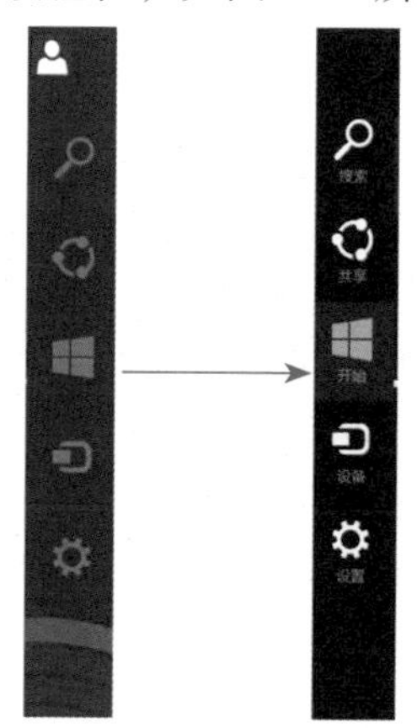

图 9-66　用鼠标激活超级按钮栏

激活超级按钮栏的同时，屏幕左侧会显示一个浮动的大时钟。该时钟除了显示时间外，还会显示日期、网络状态和电池状态，如图 9-67 所示。

4:57 3月10日 星期日

图 9-67 超级按钮栏的时钟

9.3.1 “开始”超级按钮

“开始”超级按钮用于从用户在 Windows 中的位置打开“开始”页面。再次单击“开始”超级按钮，操作界面可返回到用户之前正在使用的应用程序。重复单击“开始”超级按钮，将在“开始”超级按钮和用户使用的最后一个应用程序之间来回切换。

“开始”超级按钮相当于键盘上的【Win】键。

9.3.2 “搜索”超级按钮

“搜索”超级按钮是随时进行搜索的快捷方式。使用此超级按钮进行搜索时使用的是“Windows 8 搜索”服务，其返回的结果取决于用户在超级按钮栏中定义的范围。“搜索”超级按钮可以搜索以下内容，具体取决于用户选择的搜索范围，搜索界面如图 9-68 所示。

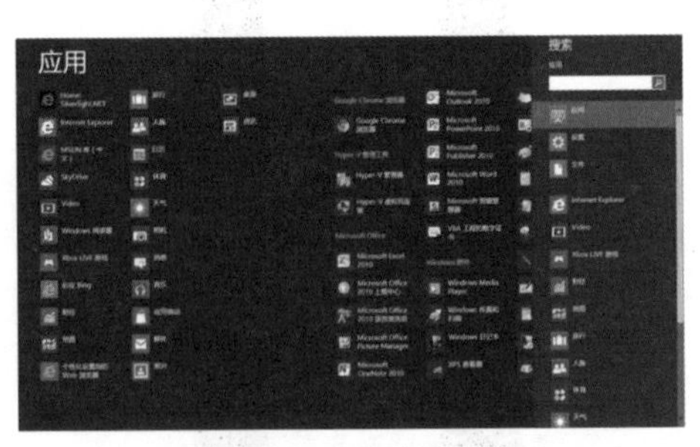

图 9-68 搜索界面

9.3.3 “共享”超级按钮

使用“共享”超级按钮可以轻松分享内容。用户共享内容前，需设置支持分享合约，即其他应用程序可以使用该应用程序分享内容。例如，Facebook 应用程序可以注册“共享”超级按钮，当用户使用任何其他应用程序时（如在 Hulu 应用程序中看电视），便可以使用“共享”超级按钮直接在 Facebook 上分享正在观看的节目，而无须打开 Facebook 应用程序。

9.3.4 “设置”超级按钮

单击“设置”超级按钮将在右侧打开设置条，上面显示当前正在使用的特定应用程序的设置。例如，在 Internet Explorer 中单击“设置”超级按钮将显示用于配置 Internet Explorer 特定设置的设置，界面如图 9-69 所示。

“设置”超级按钮是否适用于当前正在使用的应用程序很重要。在 Metro 风格的用户界面中，微软建议所有的 Windows Metro 风格的应用程序都使用“设置”超级按钮作为应用程序设置的主要输入点，这样可以防止出现每个应用程序都有自己的设置实施或选项页面，不容易让用户混淆。

Internet Explorer 超级按钮也会显示其他信息和选项，特别是与 Windows 有关的信息和选项。无论在何处打开“设置”超级按钮，都不会改变此视图，如图 9-70 所示。

图 9-69　Internet Explorer 的设置界面

图 9-70　“设置”超级按钮显示的信息

“设置”超级按钮不会改变的显示信息如下。

• 网络，可显示用户当前所连接的网络的名称和状态。

- 声音，可调控音量大小。
- 亮度，可调控屏幕亮度或控制屏幕旋转锁定。
- 通知，用户可选择隐藏通知 1 小时、3 小时或 8 小时。
- 电源，可重新启动计算机、关闭计算机或使计算机处于睡眠状态。
- 键盘，可在用户所安装的不同语言之间切换，以及启动触控键盘。
- 更改电脑设置，可打开计算机设置。

9.3.5 “设备”超级按钮

“设备”超级按钮用于将正在查看的内容发送到连接的特定设备。如果用户正在使用支持打印的应用程序，则可以从“设备”超级按钮打印正在查看的内容。“设备”超级按钮显示设备，这些设备可执行与用户正使用的应用程序有关的任务。例如，Internet Explorer 可以使用“设备”超级按钮打印网页，在其他屏幕上显示该网页或使用近距离通信（NFC）与其他 PC 共享该网页，界面如图 9-71 所示。

图 9-71 Internet Explorer 的设备界面

“设备”超级按钮还可以用来更改多显示器配置，方法为，单击“设备”超级按钮，然后在设备中单击“第二屏幕”按钮即可。在开会或进行演示时，可以通过它方便地将移动计算机连接到投影仪上。

9.4 Metro 界面应用程序的切换

用户在使用计算机操作时，经常会进行程序切换，Windows 8 操作系统也提供了多种切换方式。

9.4.1　鼠标操作

使用鼠标操作切换应用程序的方法和步骤很简单，用户只需将鼠标指针移到屏幕左侧的一个边角后，将其向中间移动便会显示应用程序切换栏。此栏将显示用户之前已打开的应用程序的缩略图。选择此栏中的任一应用程序将切换到此应用程序。用户也可以通过将鼠标指针放在屏幕的左下角来打开应用程序切换栏，这样可以打开“开始”弹出菜单，然后朝着屏幕中心向上移动鼠标指针即可，应用程序切换栏如图 9-72 所示。

图 9-72　应用程序切换栏

需要注意的是，用户还可以右键单击这些缩略图来关闭应用程序，或将其拖至屏幕左侧或右侧。

9.4.2　使用键盘切换应用程序

在 Windows 8 中，【Alt+Tab】组合键和【Win+Tab】组合键仍起作用，但结果稍有不同。

- 按【Alt+Tab】组合键将在屏幕中心显示一个窗格，上面包括所有正在运行的应用程序的缩略图。不同应用程序缩略图间的 Tab 切换将在【Alt+Tab】组合键窗格后面显示应用程序。使用此方法，用户可以在 Windows Metro 风格应用程序和桌面应用程序之间循环。
- 【Win+Tab】组合键可打开应用程序切换栏，从而在所有当前运行的 Windows Metro 风格应用程序和桌面应用程序之间进行切换。请注意，此方法不会在桌面应用程序之间进行切换。

9.4.3　从“开始”屏幕切换应用程序

若 Windows Metro 风格应用程序已经在后台运行，则单击其在“开始”屏幕上的磁贴将切换回该应用程序。

尽管 Windows Metro 风格应用程序的默认视图是全屏，但用户可以通过“贴靠”功能查看彼此相邻的两个应用程序。“贴靠”功能允许用户在屏幕上同时显示两个 Windows Metro 风格应用程序或桌面程序。在此模式下，其中一个应用程序是主应用程序，占据屏幕的大部分空间。另一个应用程序是贴靠的应用程序，仅占屏幕左侧或右侧的一个窄条。这两个应用程序在屏幕上无法均匀分布。贴靠的应用程序如图 9-73 所示。

图 9-73 贴靠的应用程序

需要注意的是，要贴靠应用程序，必须先打开该应用程序，如果使用鼠标，则可以按通常的方法一样从屏幕左上角拖动缩略图切换到之前的应用程序，但不要释放鼠标，而是继续按住鼠标将缩略图拖动到希望该应用程序贴靠到的屏幕一侧。将缩略图移到屏幕的任意一侧后，会看到后面的应用程序跳到相对一侧。看到此跳动后，即可释放鼠标，应用程序将贴靠到那里。要将贴靠的应用程序切换成主应用程序，朝着屏幕相对的一侧拖动分隔线即可。滑动分隔线时，将看到主应用程序成为贴靠的应用程序。如果继续滑过贴靠的应用程序的边框，则贴靠的应用程序将会消失，主应用程序将占满全屏。滑动分隔线时，将看到屏幕上的应用程序的状态发生变化，以反映在此时松开分隔线的结果。在没有真正松开分隔线之前，不会发生任何变化。要更改主应用程序或贴靠的应用程序，从应用程序相反的方向拖动分隔线直到其到达屏幕边缘即可。

10

在 Windows 8 上遨游 Internet

网络已经成为获取信息的最重要渠道之一，网络交流已成为人们日常生活中必不可少的一部分。Windows 8 系统提供了丰富的网络功能，本章将由浅入深地向读者讲解网上冲浪的基本操作。

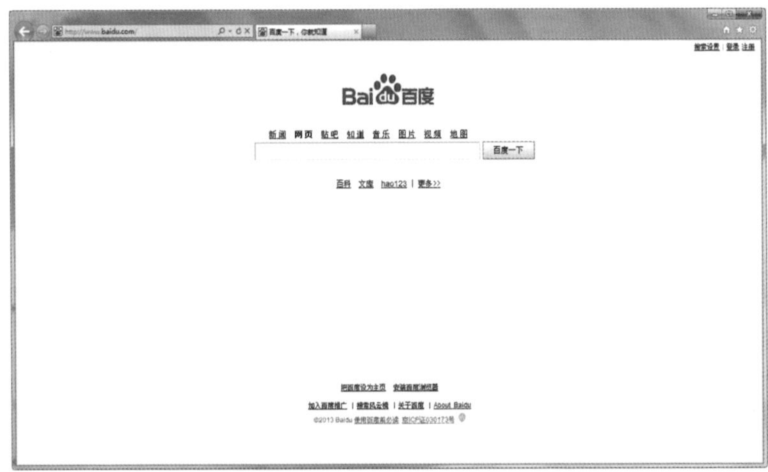

10.1 Internet 简介

Internet，中文名为因特网，它是由那些使用公用语言互相通信的计算机连接而成的全球网络。一旦将计算机连接到它的任何一个节点上，就意味着计算机已经连入 Internet 了。Internet 目前的用户已经遍及全球，有超过几亿人在使用 Internet，并且它的用户数还在上升。

在 Internet 上可以获取各种信息，进行工作、娱乐等，这就是人们经常说的上网。上网，英文名为 Surfing The Internet。因 Surfing 的意思是冲浪，因此上网也被称为“网上冲浪”。

网上冲浪的主要工具是浏览器，在浏览器的地址栏中输入 URL 地址，在 Web 页面上可以进行浏览。

10.1.1　Internet 可以向用户提供的主要服务

1. Internet 提供了高级浏览 WWW 服务

www 也叫做 Web，是人们登录 Internet 后最常利用到的 Internet 的功能。人们连入 Internet 后，有一半以上的时间都是在与各种各样的 Web 页面打交道。在基于 Web 的方式下，人们可以浏览、搜索、查询各种信息，可以发布自己的信息，可以与他人进行实时或者非实时的交流，可以游戏、娱乐、购物等。

2. Internet 提供了电子邮件 E-mail 服务

在 Internet 上，电子邮件（或称为 E-mail）是使用最多的网络通信工具,E-mail 已成为备受欢迎的通信方式。人们可以通过 E-mail 同世界上任何地方的朋友交换电子邮件。不论对方在哪个地方，只要对方也可以连入 Internet，那么发送的信件只需要几分钟的时间就可以到达对方的那里了。

3. Internet 提供了远程登录 Telnet 服务

远程登录就是通过 Internet 进入和使用远距离的计算机系统，就像使用本地计算机一样。远端的计算机可以在同一间屋子里，也可以远在数千米之外。它使用的工具是 Telnet。远端计算机在接到远程登录的请求后，就试图把所在的计算机同远端计算机连接起来。一旦连通，用户的计算机就成为远端计算机的终端。用户可以正式注册（Login）进入系统，成为合法用户，执行操作命令，提交作业，使用系统资源。在完成操作任务后，通过注销（Logout）退出远端计算机系统，同时也退出 Telnet。

4. Internet 提供了文件传输 FTP 服务

FTP（文件传输协议）是 Internet 上最早使用的文件传输程序。它同 Telnet 一样，使用户能登录到 Internet 上的一台远程计算机，把其中的文件传送回自己的计算机系统，或者反过来，把本地计算机上的文件传送并装载到远方的计算机系统。利用这个协议，人们就可以下载免费软件，或者上传自己的主页了。

10.1.2 连接 Internet 的方式

一般来说，上网的方式也有多种。在用户选择具体的方式时，可以参照其各自的优势和特点，根据自己的实际情况自行选择。以下就是几种上网的方式介绍。

1. PSTN 拨号（拨号上网）

这种上网方式是刚刚有因特网的时候，老百姓使用的最为普遍的一种。只要用户拥有一台个人计算机、一个外置或内置的调制解调器（Modem）和一根电话线，通过拨打 ISP 的接入号即可连接到 Internet 上。随着时代的前进，进入 21 世纪以后，网路运营商已经逐步停止了模拟拨号上网业务。

2. ADSL 上网

ADSL 是现在最主流的一种上网方式。它是一种异步传输模式（ATM）。

在电信服务提供商端，需要将每条开通 ADSL 业务的电话线路连接在数字用户线路访问多路复用器（DSLAM）上。而在用户端，用户需要使用一个 ADSL 终端（因为和传统的调制解调器（Modem）类似，所以也被称为“猫”）来连接电话线路。由于 ADSL 使用高频信号，所以在两端都要使用 ADSL 信号分离器将 ADSL 数据信号和普通音频电话信号分离出来，以避免打电话时出现噪音干扰。

通常的 ADSL 终端有一个电话 Line-In、一个以太网口，有些终端集成了 ADSL 信号分离器，还提供一个用于连接的 Phone 接口。

某些 ADSL 调制解调器使用 USB 接口与计算机相连，需要在计算机上安装指定的软件以添加虚拟网卡来进行通信。

3. DDN（专线）

DDN（Digital Data Network，数字数据网）即平时所说的专线上网方式，就是适合这些业务发展的一种传输网络。它通过数万条甚至数十万条以光缆为主体的数字电路管理设备，构成一个传输速率高、质量好，网络延时小，全透明、高流量的数据传输基础网络。

我国公用数字数据骨干网（CHINADDN）于 1994 年正式开通，并已通达全国地市以上城市及部分经济发达的县城。它是由中国电信经营的、向社会各界提供服务的公共信息平台。

CHINADDN 网络结构可分为国家级 DDN、省级 DDN、地市级 DDN。国家级 DDN 网（各大区骨干核心）的主要功能是建立省际业务之间的逻辑路由，提供长途 DDN 业务及国际出口。省级 DDN（各省）的主要功能是建立本省内各市业务之间的逻辑路由，提供省内长途和出入省的 DDN 业务。地市级 DDN（各级地方）主要是把各种低速率或高速率的用户复用起来进行业务的接入和接出，并建立彼此之间的逻辑路由。这样，国内、国外用户通过 DDN 专线互相传递信息。各级网管中心负责用户数据的生成，网络的监控、调整，以及告警处理等维护工作。

4. 光纤接入

光纤接入也是逐渐普及的一种上网方式。光纤接入网是指以光纤为传输介质的网络环境。光纤接入网从技术上可分为两大类：有源光网络（Active Optical Network，AON）和无源光网络（Passive Optical Network，PON）。有源光网络又可分为基于 SDH 的 AON 和基于 PDH 的 AON；无源光网络可分为窄带 PON 和宽带 PON。

由于光纤接入网使用的传输媒介是光纤，因此根据光纤深入用户群的程度，可将光纤接入网分为 FTTC（光纤到路边）、FTTZ（光纤到小区）、FTTB（光纤到大楼）、FTTO（光纤到办公室）和 FTTH（光纤到户），它们统称为 FTTx。

5. 无线接入

无线上网是指使用无线连接的因特网登录方式。它使用无线电波作为数据传送的媒介。速度和传送距离虽然没有有线线路上网优秀，但它以移动便捷为杀手锏，深受广大商务人士喜爱。无线上网现在已经广泛地应用在商务区、大学、机场及其他各类公共区域，其网络信号覆盖区域正在进一步扩大。

6. HFC（有线电视网）

HFC 通常由光纤干线、同轴电缆支线和用户配线网络 3 部分组成。从有线电视台出来的节目信号先变成光信号在干线上传输，到用户区域后把光信号转换成电信号，经分配器分配后通过同轴电缆送到用户。

10.1.3 通过 ADSL 方式连接 Internet

ADSL 宽带上网是现阶段最为广泛的上网方式。一般家庭用户只需向网络服务运营商（中国电信、中国联通等）申请开通上网服务即可连接上网。

ADSL 拨号上网需要网络运营商提供对应的终端设备、账号与密码，具体操作步骤如下。

（1）右击桌面上的“网络”图标，在弹出的快捷菜单中选择“属性”命令。如图 10-1 所示。

图 10-1 选择“属性”命令

（2）在打开的“网络和共享中心”窗口中单击“设置新的连接或网络”链接，如图 10-2 所示。

（3）切换到“选择一个连接选项”界面，选择“连接到 Internet”选项，单击“下一步”按钮，如图 10-3 所示。

（4）切换到“你想使用一个已有的连接吗？”界面，选择“否，创建新连接”单选按钮，然后单击“下一步”按钮，如图 10-4 所示。

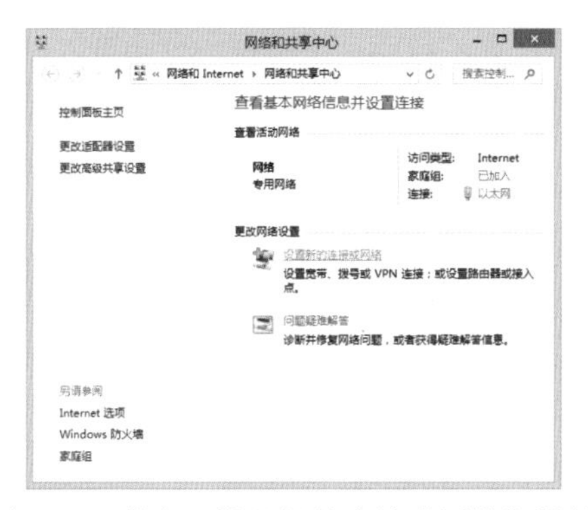

图 10-2　单击“设置新的连接或网络”链接

图 10-3　选择连接选项

图 10-4　选择“否，创建新连接”单选按钮

（5）切换到“你希望如何连接？”界面，单击“宽带（PPPoE）”选项，如图 10-5 所示。

（6）切换到“键入你的 Internet 服务提供商（ISP）提供的信息”

界面，在“用户名”和“密码”文本框中分别输入网络服务商提供的用户名及密码，输入完成后单击“连接”按钮，如图 10-6 所示。

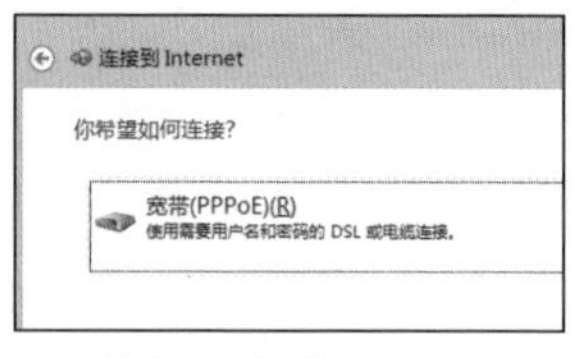

图 10-5　单击“宽带（PPPoE）”选项

图 10-6　输入用户名及密码

（7）切换到正在连接界面，系统将自动进行宽带连接，连接成功后，即可完成 ADSL 拨号连接上网操作，如图 10-7 所示。

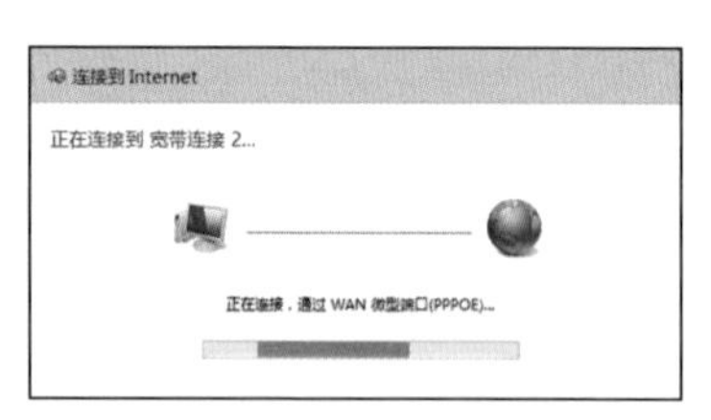

图 10-7　正在连接

10.2　IE 浏览器的使用

接入因特网后，还需要装上浏览软件，才能浏览网上信息，这种浏览软件称为浏览器。浏览器是上网必备的工具软件，用户是使用它来浏览 Internet 中的信息的，如新闻、文章、图片等。Internet

Explorer 浏览器（IE 浏览器）是微软公司设计并开发的一款功能强大、很受欢迎的 Web 浏览器。

10.2.1　认识 Internet Explorer 10 浏览器

Internet Explorer 10 浏览器是由微软公司开发的最新的原生支持 Windows 8 操作系统的浏览器。用户只需单击任务栏上的 IE 图标即可打开 IE 浏览器，如图 10-8 所示。

图 10-8　单击任务栏上的 IE 图标

Internet Explorer 10 浏览器主界面由标题栏、地址栏、工具栏、菜单栏、预览区和“新建”按钮组成，如图 10-9 所示。

图 10-9　Internet Explorer 10 浏览器主界面

其组成部分的功能如下。

- 标题栏：显示浏览器当前正在访问网页的标题。
- 地址栏：可输入要浏览的网页地址。
- 工具栏：包括一些常用的按钮，如前后翻页按钮。
- 菜单栏：包含了使用浏览器浏览时能选择的各项命令。
- 预览区：显示当前正在访问网页的内容。
- “新建”按钮：单击该按钮可新建空白网页。

10.2.2 浏览网页

了解了 Internet Explorer 浏览器的主界面结构后，用户就可以使用 Internet Explorer 浏览器浏览网页了。用户在首次启用 IE 浏览器时，显示的网页是 MSN 中文网——http://cn.msn.com。

用户可以在地址栏里输入其他网站地址，按【Enter】键确定之后便能前往新的网站。如输入“www.sohu.com”网址，即可打开搜狐网主页进行浏览，如图 10-10 所示。

图 10-10　打开的搜狐网主页

用户浏览 Internet Explorer 中的内容，找到自己感兴趣的链接，例如上图网页中左上角的“2013 世界大学全新排名”链接，然后将鼠标指针指向该标题，此时鼠标指针变成一个“小手”的形状，单击鼠标左键，即可打开该链接的页面，如图 10-11 所示。

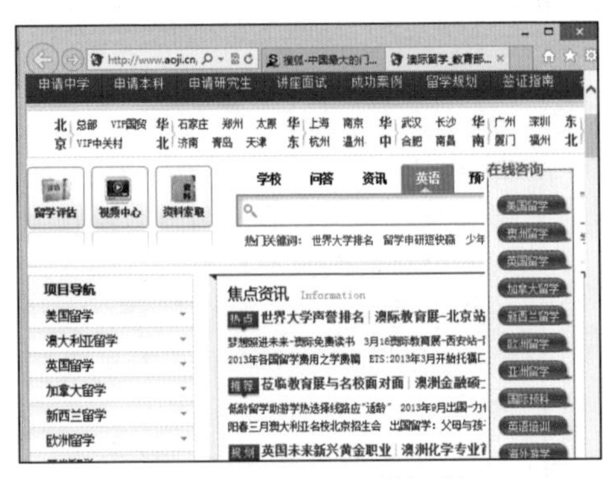

图 10-11　打开的链接页面

10.2.3　收藏网页

在实际浏览网页的过程中，用户在遇到喜欢的网站时无须记忆网站的网址，只需把网页收藏起来，就能轻松地在浏览器中保留该网站，具体操作步骤如下。

（1）在当前的网页上单击浏览器上方菜单栏中的“查看收藏夹、源和历史记录”按钮☆，如图 10-12 所示。

图 10-12　单击“查看收藏夹、源和历史记录”按钮

（2）在弹出的界面中单击“添加到收藏夹”按钮，如图 10-13 所示。

（3）弹出“添加收藏”对话框，从中可以输入网页的名称，也可以保留默认设置，然后单击“添加”按钮，即可完成网页的收藏，如图 10-14 所示。

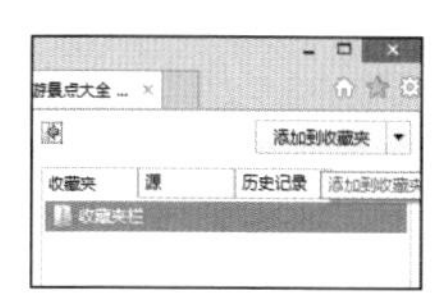

图 10-13　单击“添加到收藏夹”按钮

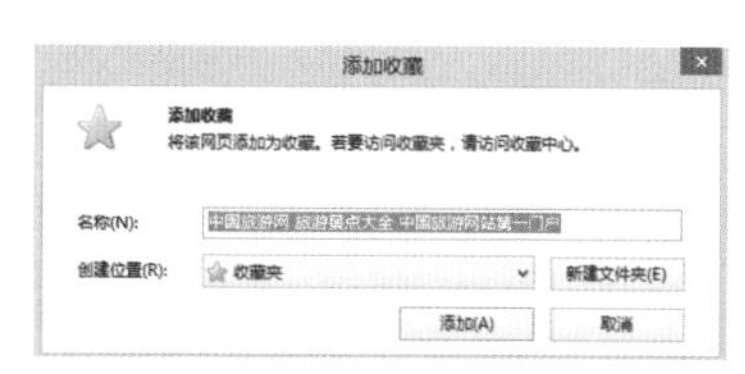

图 10-14　添加收藏

10.2.4　查看历史记录

在实际的使用中，用户常常会遇到翻看过去上网记录的情况，IE 浏览器也为广大用户提供了这个服务。

1. 打开收藏的网页

上一小节介绍了收藏网页的方法，那么当需要再次打开收藏的网页时，用户只需单击“查看收藏夹、源和历史记录”按钮☆，然后在弹出的界面中单击收藏栏中的网页链接，即可打开收藏的网站，收藏的网页如图 10-15 所示。

图 10-15 收藏的网页

2. 利用地址栏查看历史网站

IE 浏览器也为用户提供了查看过去浏览过的网页的功能，单击地址栏右侧的下三角按钮，在弹出的下拉列表中选择历史网页，即可重新查看该网站了，如图 10-16 所示。

图 10-16 利用地址栏查看历史网站

10.3 搜索和下载网络资源

在用户使用计算机上网的实际操作中，经常需要去搜索网页、图片、音乐、地图等资源，有时还需下载一些资源，如歌曲、电影、软件等。本小节简单介绍利用搜索引擎搜索各种资源的方式。

常用的搜索引擎有百度（www.baidu.com）、谷歌（www.google.cn）、搜狗（www.sogou.com）、必应 Bing（cn.bing.com）等。

10.3.1 搜索网页

在浏览器的地址栏里输入搜索引擎的网址，打开搜索引擎的网站首页，在网页的搜索框中输入有关网页的关键字搜索即可。下面以从“百度”搜索与“北京春季旅游”相关的网页为例进行介绍，具体操作步骤如下。

（1）打开百度首页，输入搜索词，单击“百度一下”按钮，即可完成搜索，如图 10-17 所示。

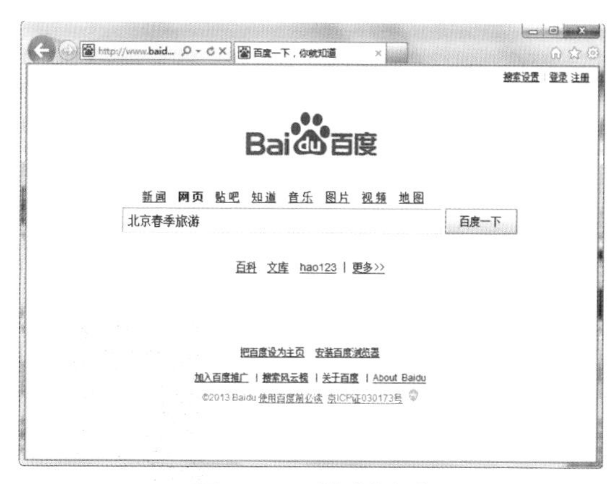

图 10-17　搜索网页

（2）从搜索结果中单击需要的网页链接，如图 10-18 所示。

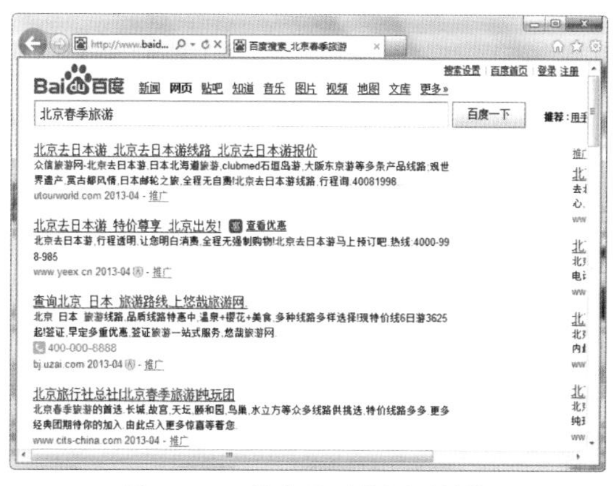

图 10-18　单击需要的网页链接

10.3.2　搜索新闻

搜索引擎一般都具有新闻搜索的功能，用户可以直接单击搜索引擎中的“新闻”（有的网站是“资讯”）链接，即可打开新闻页面，下面以百度搜索为例进行介绍。

打开百度首页，然后单击“新闻”链接，即可看到国内外各方面的新闻资讯，如图 10-19 所示。当看到感兴趣的新闻时，单击相应的链接即可进入新网页进行查看。

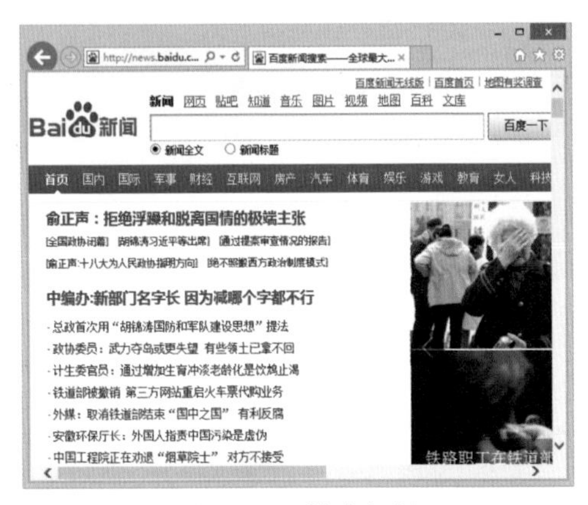

图 10-19　搜索新闻

10.3.3　下载文件

用户在使用计算机上网的实际操作中，可能需要下载各种各样的文件，如歌曲、软件等，这些在 IE 浏览器中都能实现。

以在百度音乐搜索引擎中下载歌曲“北京欢迎你”为例进行介绍，具体操作步骤如下。

（1）打开百度音乐引擎，在搜索框中输入“北京欢迎你”，单击“百度一下”按钮，则网页中会列出搜索到的相关歌曲，如图 10-20 所示。

（2）单击第一首歌曲链接，打开歌曲页面，如图 10-21 所示，单击“下载”链接。

（3）弹出歌曲下载页面，如图 10-22 所示。选择歌曲品质后单击“下载”按钮，即可下载歌曲。在开始下载前，系统会提示用户选择目标歌曲的存放位置，用户自行选择即可。

图 10-20　搜索到的歌曲

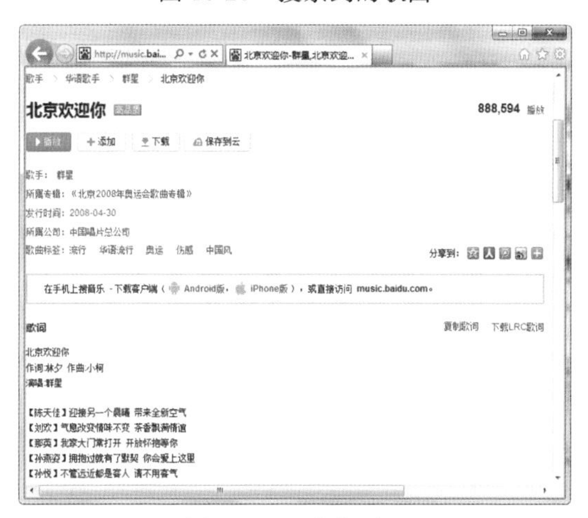

图 10-21　歌曲页面

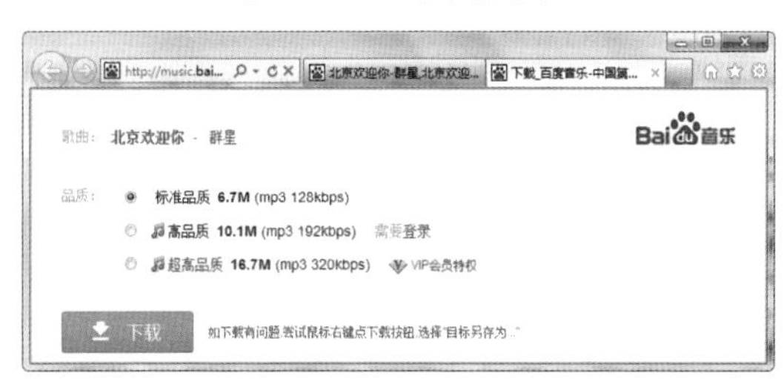

图 10-22　下载歌曲页面

10.4 IE 浏览器的管理

用户在浏览 Internet 的同时，可能会遇到垃圾网站的骚扰、计算机病毒的侵入等问题，所以，用户有必要对其进行有效的管理。对 IE 浏览器的管理一般都在浏览器的“Internet 选项”对话框中进行。打开“Internet 选项”对话框的方法为：在桌面上右击 IE 浏览器图标，在弹出的快捷菜单中选择“属性”命令，如图 10-23 所示，即可弹出“Internet 选项”对话框。

图 10-23 选择“属性”命令

下面简单介绍 IE 浏览器的基本管理操作。

10.4.1 设置主页

浏览器的主页就是每次打开浏览器时的默认网页。第一次打开 IE 10 浏览器时，其主页是“MSN 中文网”，用户可根据自己的爱好设置自己喜欢的网页为主页，具体操作如下。

打开“Internet 选项”对话框，在“常规”选项卡下“主页”选项组中的文本框中输入新的主页网址，单击“确定”按钮即可完成新主页的设置，如图 10-24 所示。

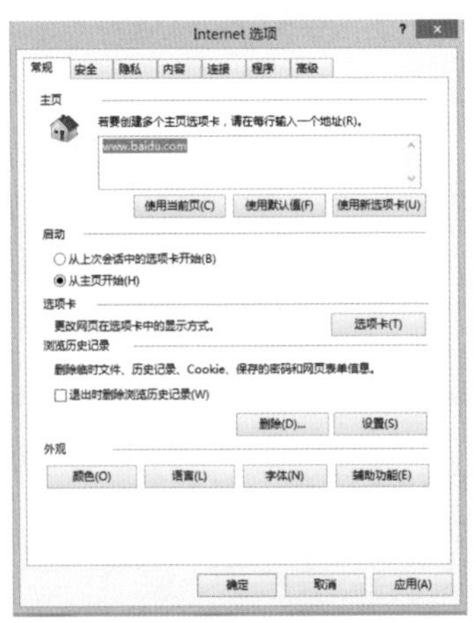

图 10-24 设置主页

10.4.2　清除临时文件和历史记录

长期使用浏览器后，系统会产生很多临时文件和历史记录，为了保证计算机的高效运转，用户需要定期对浏览器产生的临时文件和历史记录进行清除，具体操作如下。

打开“Internet 选项”对话框，在“常规”选项卡下“浏览历史记录”选项组中单击“删除”按钮，即可删除临时文件、历史记录等信息，如图 10-25 所示。

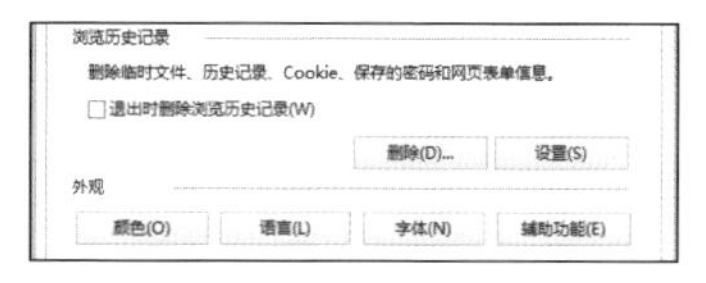

图 10-25　单击“删除”按钮

10.4.3　设置浏览器的外观

用户在实际操作中还可以对 IE 浏览器的整体外观进行更改，如窗口背景、文字颜色及字体等信息，具体操作如下。

打开“Internet 选项”对话框，在“常规”选项卡下“外观”选项组中分别单击“颜色”、“语言”、“字体”、“辅助功能”按钮进行相关操作即可，如图 10-26 所示。

图 10-26　设置外观

10.4.4　屏蔽网络中的不良信息

用户在打开某个网站时，有时会随之弹出一个弹出窗口，要阻止这类弹出窗口，可以使用 IE 浏览器的阻止自动弹出窗口的办法来实现，具体操作步骤如下。

（1）打开“Internet 选项”对话框，切换至“隐私”选项卡，勾选“启用弹出窗口阻止程序”复选框，然后单击“设置”按钮，如

图 10-27 所示。

（2）在弹出的“弹出窗口阻止程序设置”对话框中，根据需要添加允许弹出窗口的网站地址或允许的站点信息，然后单击“添加”按钮，关闭该对话框，返回“Internet 选项”对话框，单击“确定”按钮，即可完成阻止自动弹出窗口操作，如图 10-28 所示。

图 10-27　启用弹出窗口阻止程序

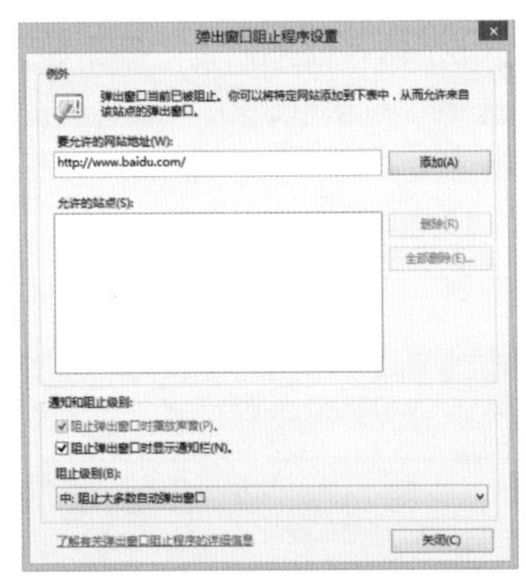

图 10-28　添加允许弹出窗口的网址

10.4.5　恢复浏览器的默认设置

在使用过程中，如果用户希望恢复浏览器的默认设置，操作如下。

在“Internet 选项”对话框的“高级”选项卡中单击“重置”按

钮，然后单击“确定”按钮，即可完成恢复默认设置的操作，如图 10-29 所示。

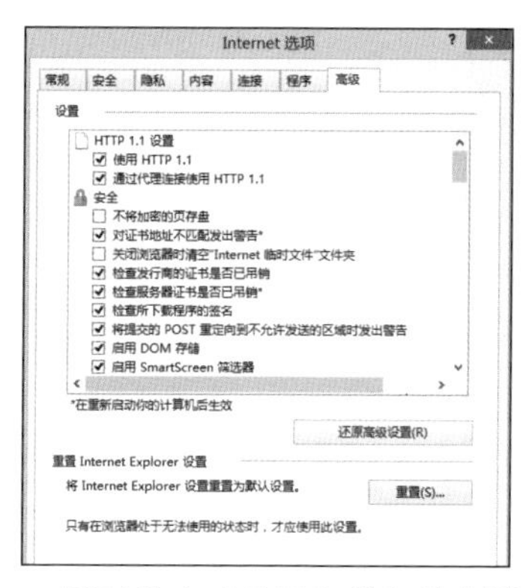

图 10-29　通过单击“重置”按钮恢复默认设置

11

计算机网络基础

Windows 8 系统能快速组建局域网，系统能自动获取设置，用户不需要懂得很多高级知识。局域网用于共享办公、家庭文件、库文件或娱乐影音内容，简单易学，快速上手。

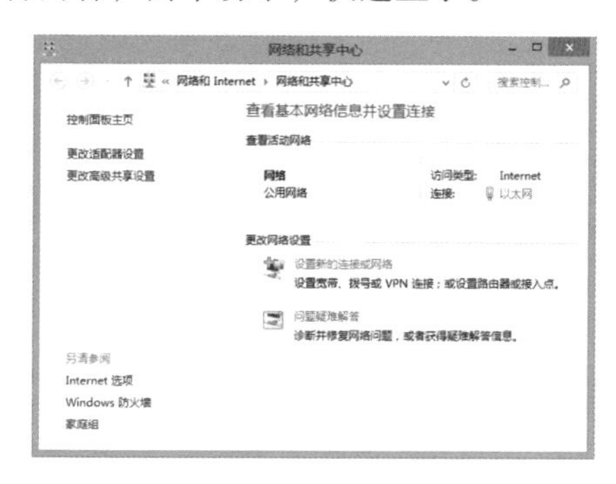

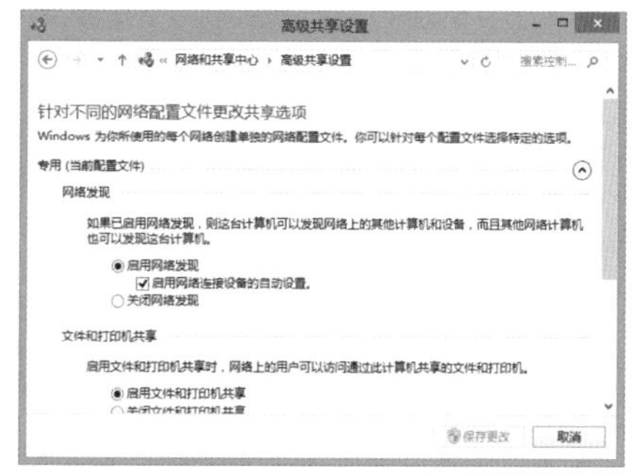

11.1　计算机网络的基本认识

计算机网络是指将地理位置不同的具有独立功能的多台计算机及其外部设备通过通信线路连接起来，在网络操作系统、网络管理软件及网络通信协议的管理和协调下，实现资源共享和信息传递的计算机系统。

11.1.1　计算机网络的分类

计算机网络的划分标准多种多样，但是按地理范围划分是一种大家都认可的通用网络划分标准。按这种标准可以把各种网络类型划分为局域网、城域网、广域网。

1. 局域网

局域网（Local Area Network，LAN）是在一个局部的地理范围内（如一个学校、工厂或公司内），一般是方圆几千米以内，将各种计算机、外部设备和数据库等互相连接起来而组成的计算机通信网。它可以通过数据通信网或专用数据电路，与远方的局域网、数据库或处理中心相连接，构成一个较大范围的信息处理系统。局域网可以实现文件管理、应用软件共享、打印机共享、扫描仪共享、工作组内的日程安排、电子邮件和传真通信服务等功能。严格意义上局域网是封闭型的，它可以由办公室内的几台甚至上千上万台计算机组成。决定局域网的主要技术要素为网络拓扑、传输介质与介质访问控制方法。

2. 城域网

城域网（Metropolitan Area Network，MAN）是在一个城市范围内所建立的计算机通信网，属宽带局域网。由于采用具有有源交换元件的局域网技术，因此网中传输时延较小，它的传输媒介主要采用光缆，传输速率在100MB/s以上。MAN的一个重要用途是用做骨干网，通过它将位于同一城市内的不同地点的主机、数据库，以及LAN等互相连接起来，这与WAN的作用有相似之处，但两者在实现方法与性能上有很大差别。

3. 广域网

广域网（Wide Area Network，WAN）也称远程网，通常跨接很大的物理范围，所覆盖的范围从几十千米到几千千米，它能连接多个城市或国家，或横跨几个洲，并能提供远距离通信，形成国际性的远程网络。广域网的覆盖范围比局域网（LAN）和城域网（MAN）都广。广域网的通信子网主要使用分组交换技术。广域网的通信子网可以利用公用分组交换网、卫星通信网和无线分组交换网将分布在不同地区的局域网或计算机系统互连起来，达到资源共享的目的。如因特网是世界范围内最大的广域网。

11.1.2 网络协议

网络协议是在计算机网络中进行数据交换而建立的规则、标准或约定的集合。网络协议是网络上所有设备（网络服务器、计算机及交换机、路由器、防火墙等）之间的通信规则的集合，它规定了通信时信息必须采用的格式和这些格式的意义。在网络的各层中存在着许多协议，接收方和发送方同层的协议必须一致，否则一方将无法识别另一方发出的信息。网络协议使网络上各种设备能够相互交换信息。常见的协议有 TCP/IP 协议、IPX/SPX 协议、NetBEUI 协议等。在上网的过程中，计算机就使用了 TCP/IP 协议。

11.1.3　IP 地址

所谓 IP 地址，就是给每个连接在 Internet 上的主机分配的 32 位的地址。大家日常见到的情况是，每台联网的 PC 上必须有 IP 地址，才能正常通信。常见的 IP 地址分为 IPv4 与 IPv6 两大类，目前使用的是 IPV4。IP 地址是一个 32 位的二进制数，通常被分割为 4 个 8 位二进制数（也就是 4 个字节）。IP 地址通常用点分十进制表示成（a.b.c.d）的形式，其中，a、b、c、d 都是 0 ~ 255 之间的十进制整数。IP 地址的形式如 192.168.2.36。

11.1.4　端口

在网络技术中，端口（Port）大致有两种意思：一是物理意义上的端口，如 ADSL Modem、集线器、交换机、路由器及用于连接其他网络设备的接口（如 RJ-45 端口、SC 端口）等；二是逻辑意义上的端口，一般是指 TCP/IP 协议中的端口，端口号的范围为 0 ~ 65 535，如用于浏览网页服务的 80 端口，用于 FTP 服务的 21 端口等。

11.2　认识局域网

目前，人类社会已经迈入了网络时代，计算机和因特网已经与老百姓的日常工作、学习和生活息息相关，人类社会目前又处于了一个历史飞跃时期，正由高度的工业化时代迈向初步的计算机网络时代。而局域网是网络组成的基本元素，因此掌握局域网组建与配置的基本技能是很有必要的。

11.2.1 局域网的特点

局域网一般覆盖的地理范围有限，可能是一间办公室、一栋楼或一个校园区域等，其数据传输率较高，一般为 1 ~ 100Mbit/s，光纤构建的局域网甚至可以达到 1 000Mbit/s，数据传输误码率较低，易于组建和维护，且各站点间的关系平等，非从属关系，相关网络技术易于理解，如拓扑结构、传输介质及介质访问控制方法等。

局域网与广域网不同，它一般限制在一定距离区域内。一般所说的局域网是指以微型计算机为主而组成的局域网，具有以下主要特点。

- 通信速率较高。局域网络通信传输率为每秒百万分比特（Mbit/s），从 5Mbit/s、10Mbit/s 到 100Mbit/s。随着局域网技术的进一步发展，目前正在向着更高的速度发展，如 155Mbit/s、655Mbit/s 的 ATM 及 1 000Mbit/s 的千兆以太网等。
- 通信质量较好，传输误码率低，位错率通常在 10^{-12} ~ 10^{-7}。
- 通常为某一部门、单位或企业所有。由于 LAN 的范围一般在 0.1 ~ 2.5km 之内，分布和高速传输使它适用于一个企业、一个部门的管理，所有权可归某一单位，在设计、安装、操作使用时由单位统一考虑、全面规划，不受公用网络当局的约束。
- 支持多种通信传输介质。根据网络本身的性能要求，局域网中可使用多种通信介质，例如电缆（细缆、粗缆、双绞线）、光纤及无线传输等。
- 局域网络成本低，安装、扩充及维护方便。LAN 一般使用价格低而功能强的微机网上工作站。LAN 的安装较简单，可扩充性好，尤其在目前大量采用以集线器为中心的星形网络结构的局域网中，扩充服务器、工作站等十分方便。当某些站点出现故障时，整个网络仍可以正常工作。
- 如果采用宽带局域网，则可以实现数据、语音和图像的综合传输。在基带网上，随着技术的迅速进展，也逐步实现语音和静态图像的综合传输，这正是办公自动化所需求的。

无线局域网（Wireless Local Area Networks，WLAN）是一种便利的数据传输系统，它利用射频（Radio Frequency，RF）的技术，

取代了旧式双绞铜线所构成的局域网络，使得无线局域网络利用简单的存取架构达到便利的目的。

无线局域网的优点为安装方便、应用灵活、节约经费、扩展性强。网络建设时，最大的工程就是网络布线，但是无线局域网正好省去了这个部分，通过无线接入点的覆盖来搭建局域网。因为省去了网络连接线，所以只要在无线接入点的覆盖范围之内，计算机在移动的同时就能接入网络当中。无线接入点的利用效率很高，不容易造成资源的浪费。随着技术的发展，无线接入点之间也可以互相连接，让网络的发展更加迅猛。

11.2.2　局域网的拓扑结构

将局域网中的计算机连接起来便来形成了一定的构成方式，这种结构叫做拓扑结构。这些拓扑结构有一定的模式，一般有星形结构、环形结构、总线型结构、树形结构等。这些结构使用不同的连接形式实现局域网的功能，各有其特点。

1. 星形结构

星形结构容易实现、扩展性强、容易维护。星形结构里的各工作站是以星形方式连接起来的，网中的每一个结点设备都以中心结点为中心，通过连接线与中心结点相连，如果一个工作站需要传输数据，它首先必须通过中心结点。

2. 环形结构

环形结构一般使用一根同轴电缆，数据令牌在环形连接中传输。环形结构是网络中各结点通过一条首尾相连的通信链路连接起来的一个闭合环形结构网。环形结构网络的结构也比较简单，系统中各工作站地位相等。系统中通信设备和线路比较节省。网中信息向固定方向单向流动，两个工作站结点之间仅有一条通路，系统中无信道选择问题。某个结点的故障将导致物理瘫痪。环网中，由于环路是封闭的，系统响应延时长，且信息传输效率相对较低。

3. 总线形结构

总线形结构网络将各个结点设备和一根总线相连。网络中所有的结点工作站都是通过总线进行信息传输的。作为总线的通信连线可以是同轴电缆、双绞线，也可以是扁平电缆。在总线型结构中，作为数据通信必经的总线，其负载能量是有限度的，这是由通信媒体本身的物理性能决定的。总线型结构网络可靠性高，网络结点间响应速度快，共享资源能力强，设备投入量少，成本低，安装使用方便。当某个工作站结点出现故障时，对整个网络系统影响小。因此，总线形结构网络是最普遍使用的一种网络。但是由于所有的工作站通信均通过一条共用的总线，所以，实时性较差。

4. 树形结构

树形结构网络是天然的分级结构，又称为分级的集中式网络。其特点是网络成本低，结构比较简单。在网络中，任意两个结点之间不产生回路，每个链路都支持双向传输。并且，网络中结点扩充方便、灵活，寻查链路路径比较简单。但在这种结构的网络系统中，除叶结点及其相连的链路外，任何一个工作站或链路产生故障都会影响整个网络系统的正常运行。

如图 11-1 所示为 4 种结构的示意图。

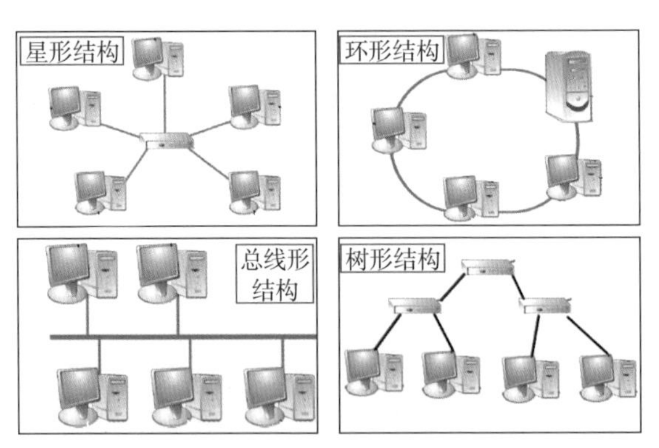

图 11-1　局域网拓扑结构示意图

11.2.3　常用硬件设备介绍

要连接上局域网，计算机需要配备网卡。组成局域网还需要交换机和网线等设备。选购这些配件的时候要注意一些问题，配备网卡只需要简单的 10MB/100MB 自适应网卡即可。同时要考虑自身的需求，考虑组建普通局域网还是无线局域网，如果是无线局域网，则应当选购一块无线网卡。交换机的作用是把数据发送到指定的地点，从而分割数据和流量，减少错误的几率，提高效率。但如果局域网还要拨号上网，就应该选择一款路由器。

1. 交换机

作为局域网的主连设备，以太网交换机成为普及最快的网络设备之一。交换机在同一时刻可以进行多个端口对之间的数据传输，每一个端口都可视为独立的网段，连接在其上的网络设备独自享有全部的带宽，无须同其他设备竞争使用。

2. 路由器

路由器是非常重要的网络互联设备之一，是连接因特网中各局域网、广域网的设备，它会根据信道的情况自动选择和设定路由，以最佳路径，按前后顺序发送信号。它工作在网络层，用于互联不同类型的网络。路由器通过路由决定数据的转发，转发策略称为路由选择，这也是路由器名称的由来。

11.3　局域网的组建

将计算机的网卡和路由器（交换机或者另一台计算机）用网线连接在一起，进行一定设置就能搭建成局域网。

11.3.1　路由器与计算机连接

将两台计算机同时接上路由器，即可组建成局域网，路由器的接口示意图如图 11-2 所示。

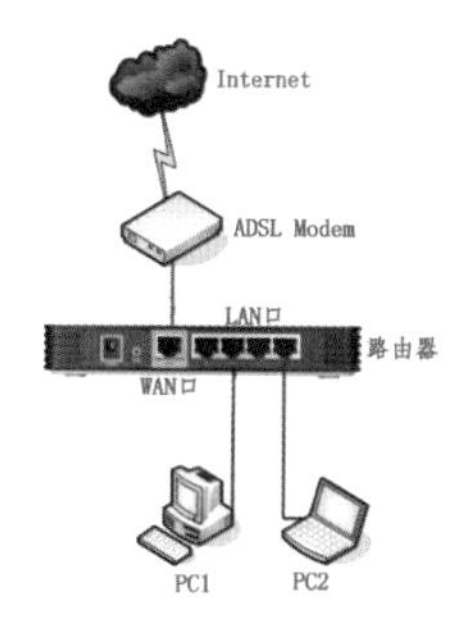

图 11-2　路由器接口示意图

11.3.2　路由器的设置

连接路由器与计算机，用户还需要对路由器进行设置。本小节以 TP-LINK 路由器为例进行介绍（TP-LINK 路由器默认的 IP 地址是 192.168.1.1，用户名和密码都为 admin），具体操作步骤如下。

（1）打开 IE 浏览器，在地址栏中输入路由器的 IP 地址“192.168.1.1”，然后按【Enter】键确认，如图 11-3 所示。

（2）此时弹出一个对话框，输入用户名和密码，单击“确定”按钮，如图 11-4 所示。注意，这里输入的不是宽带账号和密码，而是路由器的默认的账号和密码，即用户名和密码都是 admin。如果路由器不是 TP-LINK，那么请参照路由器的说明书。

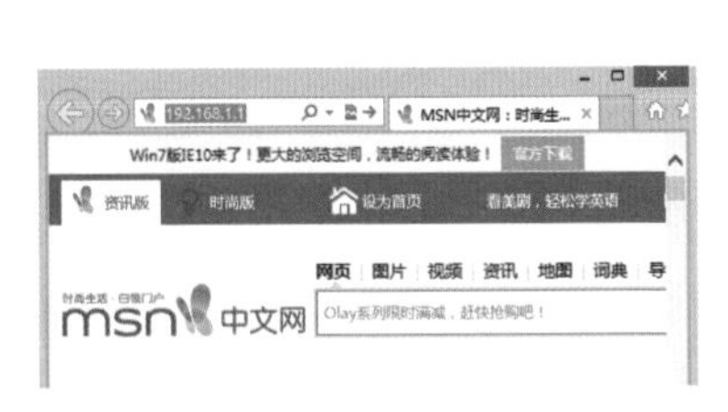

图 11-3　输入 IP 地址“192.168.1.1”

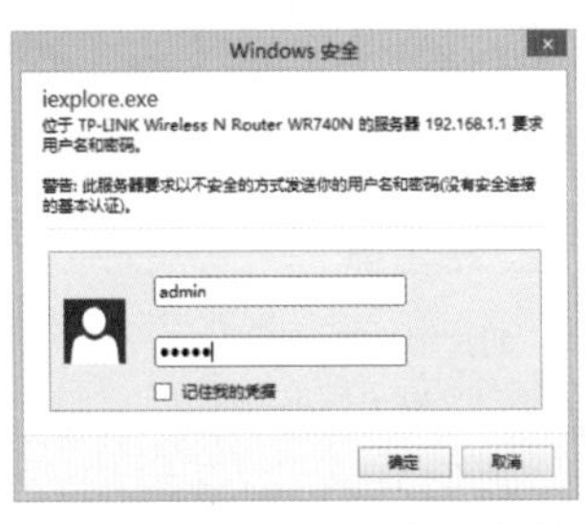

图 11-4　输入用户名和密码

（3）进入路由器首页，在界面左侧选择“网络参数”|“WAN 口设置”选项，如图 11-5 所示。

图 11-5　选择“WAN 口设置”选项

（4）在界面右侧设置 WAN 口类型为 PPPoE，输入当前 ADSL 的账号和密码，然后单击“保存”按钮，如图 11-6 所示。

图 11-6　WAN 口设置

（5）上一步设置完成后，需重启路由器，然后再次进入路由器主界面，在左侧选择“运行状态”选项，此时可在右侧的“WAN 口状态”选项组中看到“断线”按钮，即设置成功，此时接入路由器的所有计算机均可正常上网，如图 11-7 所示。

图 11-7　查看路由器连接状态

11.4 局域网的应用

局域网搭建完成后，还需要在 Windows 8 操作系统中进行配置，配置完毕就可以正常使用局域网的各个功能了。使用局域网可以共享自己计算机上的文件，同时可以查看其他人共享的文件，将网络文件夹映射到自己的计算机中使用。

11.4.1 自动获取 IP 地址

随着时代的进步、技术的发展，网络连接配置越来越方便，现在的计算机操作系统能自动分配 IP 地址，省去了手动配置的麻烦。计算机系统的逐步完善，对网络的识别也越来越智能，只要能将计算机用网线连接在交换机上，Windows 8 操作系统就会自动获取 IP 地址。具体操作步骤如下。

（1）打开“控制面板”窗口，单击“网络和 Internet”链接，如图 11-8 所示。

（2）打开“网络和 Internet”窗口，单击“网络和共享中心”链接，如图 11-9 所示。

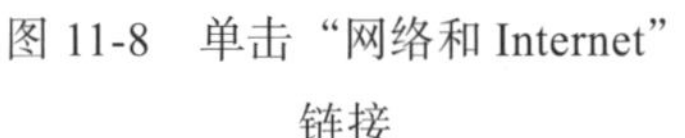
图 11-8 单击“网络和 Internet”链接

图 11-9 单击“网络和共享中心”链接

（3）打开“网络和共享中心”窗口，单击“更改适配器设置”链接，如图 11-10 所示。

（4）打开“网络连接”窗口，右击“以太网”图标，在弹出的快捷菜单中选择“属性”命令，如图 11-11 所示。

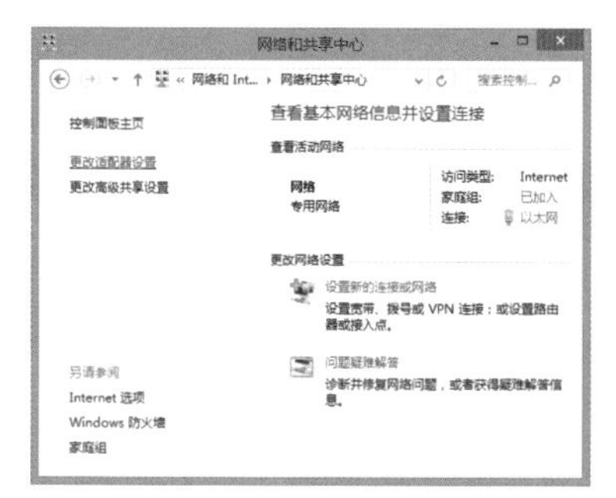

图 11-10　单击“更改适配器设置”链接

图 11-11　选择“属性”命令

（5）弹出“属性”对话框，在“此连接使用下列项目”列表框中选择“Internet 协议版本 4（TCP/IPv4）”选项，然后单击“属性”按钮，如图 11-12 所示。

（6）弹出“Internet 协议版本 4（TCP/IPv4）属性”对话框，保持默认设置，如图 11-13 所示，单击“确定”按钮。此时即可完成对系统网络的设定，交换机自动分配 IP 地址，系统自动获取。

图 11-12　选择选项后单击“属性”按钮

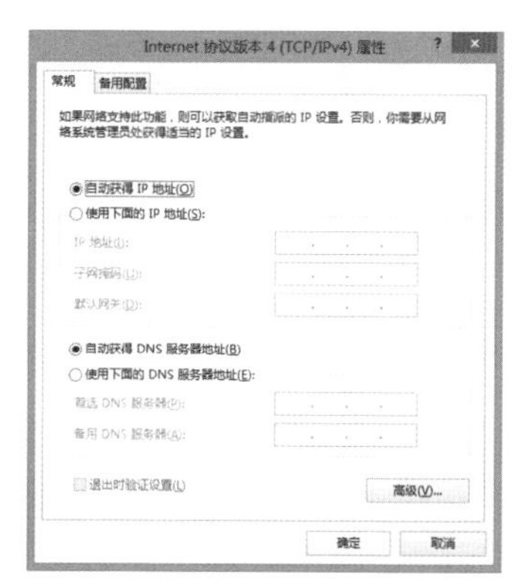

图 11-13　使用默认设置

11.4.2　浏览共享资源

实现了局域网互联之后最重要的就是进行文件的共享。在需要共享的文件夹属性窗口即可实现该功能。具体操作步骤如下。

（1）打开“计算机”窗口，找到要共享的文件夹，如“F:\ 共享

1”文件夹。右击该文件夹图标，在弹出的快捷菜单中选择“属性”命令，如图 11-14 所示。

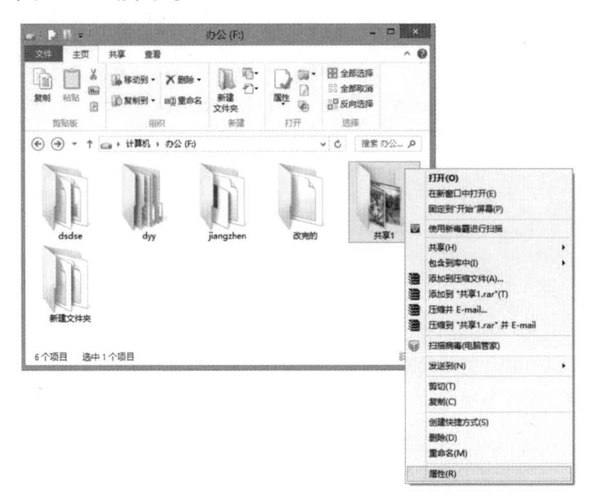

图 11-14　选择“属性”命令

（2）弹出属性对话框，切换到“共享”选项卡，单击“共享”按钮，如图 11-15 所示。

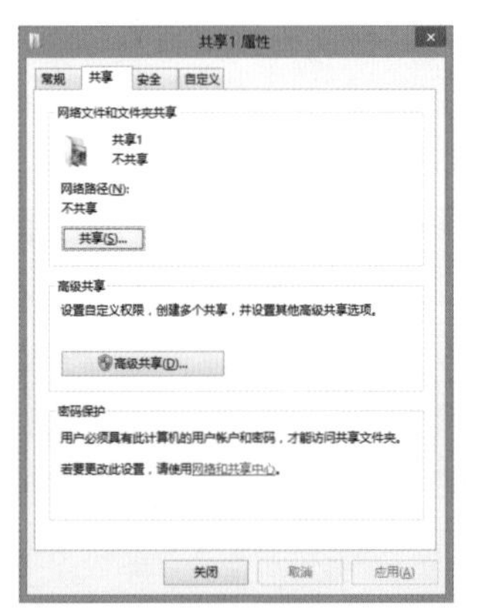

图 11-15　单击“共享”按钮

（3）弹出“选择要与其共享的用户”界面，选择要与其共享的用户，在文本框中输入“Everyone”，单击“添加”按钮，再单击

“共享”按钮，如图 11-16 所示。

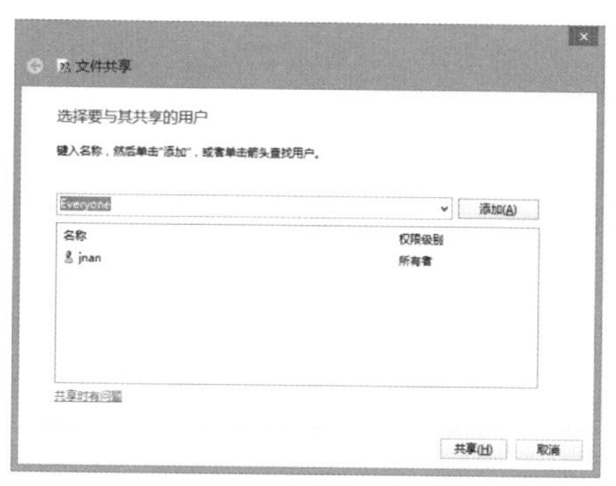

图 11-16　选择要与其共享的用户

（4）切换到“您的文件夹已共享”界面，“各个项目”列表框中显示了已经共享的文件夹，如图 11-17 所示，单击“完成”按钮。

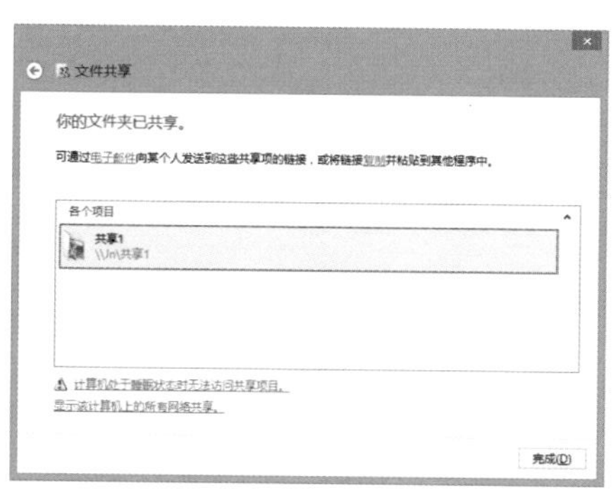

图 11-17　已共享的文件夹

那么如何查看刚刚共享的文件夹呢？下面介绍具体操作步骤。

（1）在桌面上双击“网络”图标，如图 11-18 所示。

（2）在打开的“网络”窗口中找到本机，双击本机图标，如图 11-19 所示。

（3）打开文件夹窗口，即可看到共享的文件夹，如图 11-20 所示。

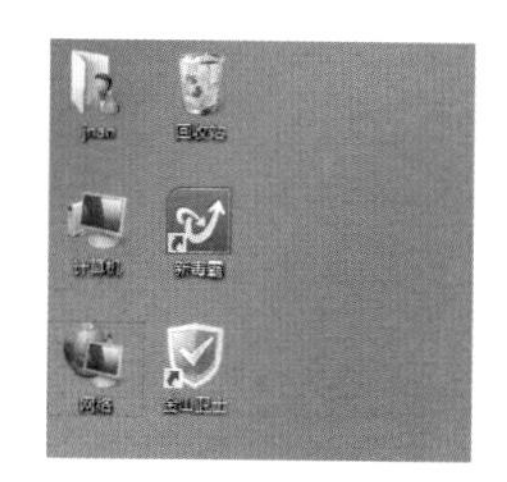

图 11-18　双击“网络”图标

图 11-19 双击本机图标

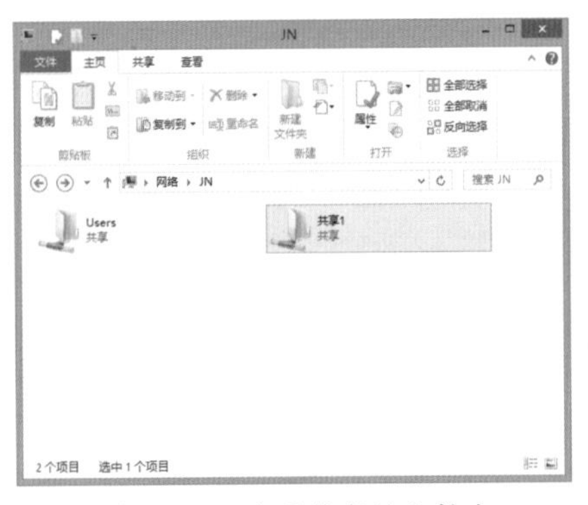

图 11-20 查看共享的文件夹

11.5 常见的局域网故障排除和维护

可能会由于一些意外的情况而导致无法成功搭建局域网，此时有一些小技巧和小方法可以帮助做一些基本的判断和检测，以提供有用的信息。用户可以先检查网络是否连通，再查看网络配置，还可以根据系统自带的诊断系统帮助检测网络问题。当计算机上的网卡比较多时，可以为不同的网络连接起不同的名，以方便区分。

11.5.1 检查连接是否畅通

检查网络的首要问题就是检查网络协议是否工作正常，可以通过查看本机地址是否响应来实现。如果本机地址响应，则说明协议工作正常。一般在打开的命令提示符界面中通过输入命令查看，具体操作步骤如下。

（1）按【Win+R】组合键，弹出“运行”对话框，在“打开”组合框中输入“cmd”，单击“确定”按钮，如图 11-21 所示。

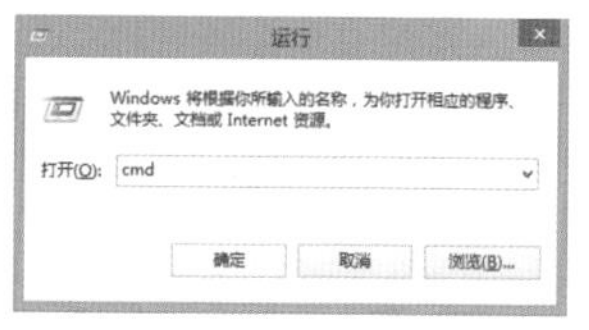

图 11-21 输入“cmd”

（2）打开命令提示符窗口，输入“ping 127.0.0.1”，按【Enter】键，如图 11-22 所示。

（3）命令提示符如果显示“已发送 =4，已接收 =4，丢失 =0”字样，即说明网络协议运行正常，本机网络响应，如图 11-23 所示。

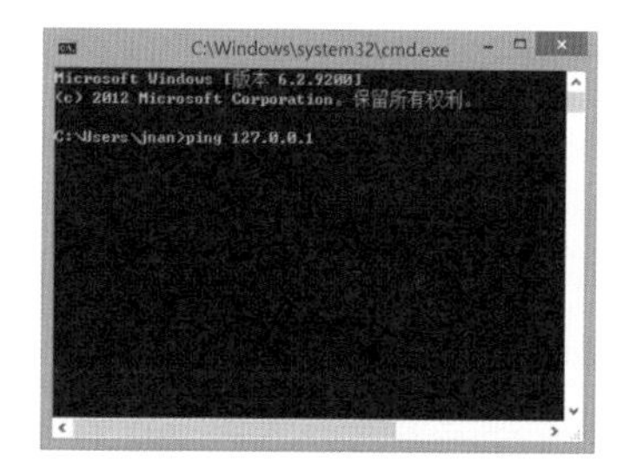

图 11-22 输入命令

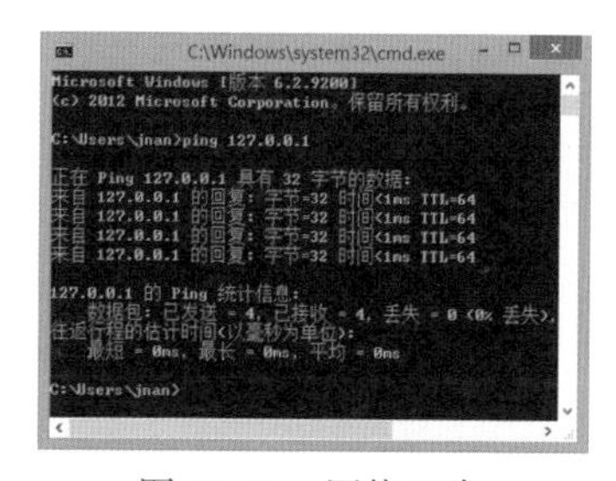

图 11-23 网络正常

11.5.2 查看网络配置

当路由器给计算机分配了 IP 地址之后，本机自动获取网络配置，如果网络正常运行，则可以查看到本机的配置情况。查看网络配置的具体操作步骤如下。

（1）打开命令提示符窗口，输入“ipconfig”，按【Enter】键，如图 11-24 所示。

（2）此时可以看到，命令提示符窗口中显示了网络配置情况，如图 11-25 所示。

图 11-24　输入命令

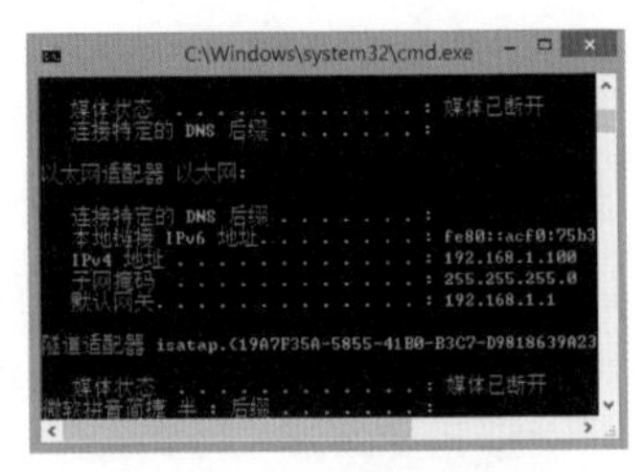

图 11-25　网络配置情况

11.5.3　诊断本地连接

系统自带了网络诊断功能，可以利用诊断功能检查网络是否连接正常。如果网络异常，还可以反馈问题的相关情况，免去了无法找到问题所在的痛苦。系统还可以提供问题的解决方法，用户可以根据建议进行修复，或者根据经验和报告自主修复错误。

11.5.4　查看网络连接的详情

解决计算机故障时需要用到网络连接的各种信息，除了可以在命令提示符窗口中查看以外，还可以通过简单的方法直接查看网络连接的详细信息，具体操作步骤如下。

（1）打开“网络连接”窗口，双击当前使用的“以太网”图标，如图 11-26 所示。

（2）弹出状态对话框，从中显示了连接的常规状态，如图 11-27 所示，单击“详细信息”按钮。

图 11-26　双击“以太网”图标

图 11-27　连接的常规状态

（3）弹出“网络连接详细信息”对话框，在此可以看到网络连接的各种详细信息，如图 11-28 所示。

图 11-28　网络连接的详细信息

12

Windows 8 系统优化

用户在使用计算机的过程中，随着时间的推移，垃圾文件的累积会使系统的运行速度变慢，也会使操作系统的性能减弱。因此，用户需要采取优化措施全面优化 Windows 8 操作系统。

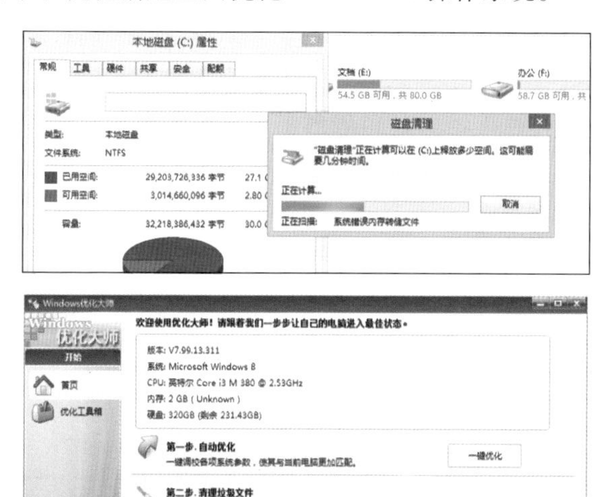

12.1　管理和优化磁盘

硬盘是计算机的重要组成部分之一，计算机中的所有文件和资料都存储在硬盘中，若要确保系统高速度运转，首先就要确保硬盘处于高效、正常运行状态。为了确保硬盘的高效工作，可以采取一些常见的措施，例如检查磁盘中的错误、清理磁盘中的垃圾及整理磁盘碎片等。通过这些操作，用户的硬盘一定会高速运转。

12.1.1　清理磁盘

计算机的磁盘在一段时间的使用后会自动产生一些垃圾文件和临时文件，从而导致计算机的运行速度降低。此时，用户可以使用磁盘清理功能将这些文件删除，来释放磁盘的空间，以致提高计算机的运行速度。清理磁盘的具体操作步骤如下。

（1）打开“计算机”窗口，右击要检查错误的磁盘图标，在弹出的快捷菜单中选择“属性”命令，弹出属性对话框，在“常规”选项卡下单击“磁盘清理”按钮，如图 12-1 所示。

（2）此时，系统自动开始清理磁盘，并弹出“磁盘清理”对话框，从中显示了清理进度，如图 12-2 所示。

图 12-1 单击“磁盘清理”按钮

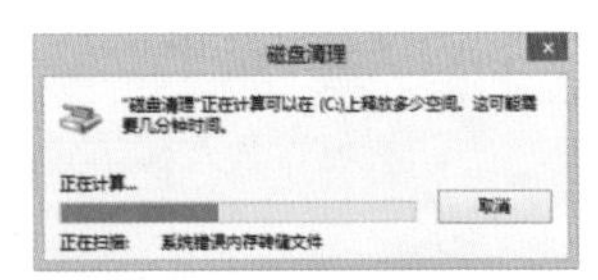

图 12-2 磁盘清理的进度

（3）等待磁盘清理完成之后，会弹出磁盘清理对话框，勾选要删除的文件复选框，单击“清理系统文件”按钮，如图 12-3 所示。

（4）等待清理完成之后，单击“确定”按钮，即可完成清理磁盘的操作，如图 12-4 所示。

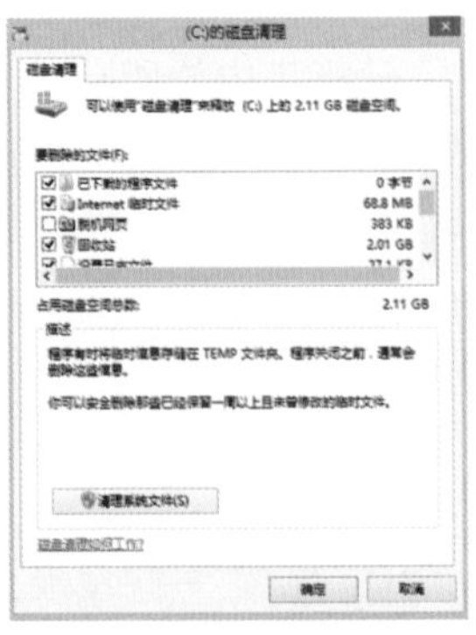

图 12-3 选择要删除的文件

图 12-4 磁盘清理完成

12.1.2　磁盘查错

使用计算机的过程中，由于突然断电或者误触开关按钮而导致非正常关机时，可能会导致硬盘中的某些磁盘分区出现错误，此时，用户就需要在正常开机后检查磁盘是否存在错误。如果存在错误，则检查后系统会自动帮助修复；若没有查出错误，那么仍然可以正常地在硬盘中读写数据。磁盘查错的操作步骤如下。

（1）打开“计算机”窗口，右击要检查错误的磁盘图标，打开属性对话框，切换至“工具”选项卡，在“查错”选项组中单击“检查”按钮，如图 12-5 所示。

（2）此时弹出错误检查对话框，从中可显示是否存在错误。若存在错误，则通过单击“扫描驱动器”链接开始错误检查，如图 12-6 所示。

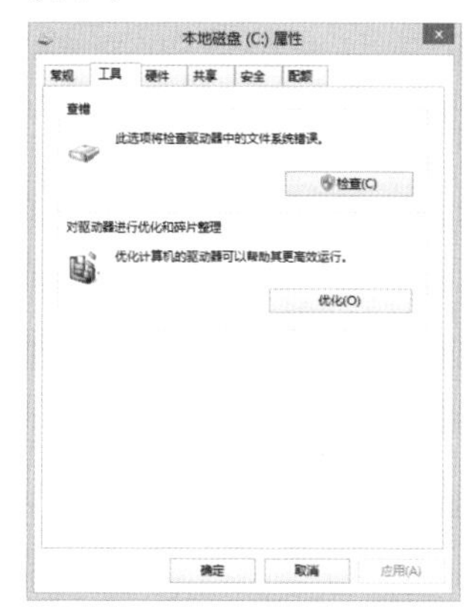

图 12-5　单击“检查”按钮

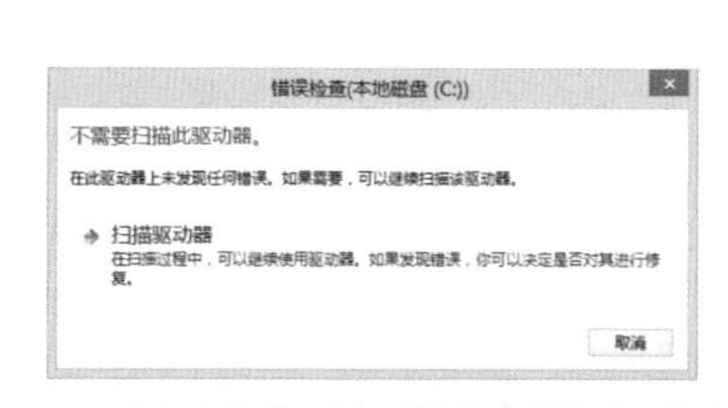

图 12-6　通过单击“扫描驱动器”链接查错

（3）此时计算机开始自动检查错误，等待扫描完毕后便可在对话框中看到扫描结果。如果没有错误，则单击“关闭”按钮关闭对话框，如图 12-7 所示；如果存在错误，则可以修改这些错误。

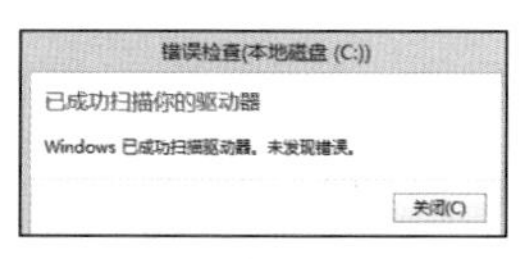

图 12-7　若未发现错误则单击“关闭”按钮

12.1.3 整理磁盘碎片

计算机在使用一段时间后会在磁盘分区中产生磁盘碎片，这些碎片将影响硬盘的正常高效运行，用户需要不定期对磁盘分区进行碎片整理，具体操作步骤如下。

（1）打开磁盘分区属性对话框，在“工具”选项卡下单击“优化”按钮，如图 12-8 所示。

图 12-8 单击“优化”按钮

（2）在弹出的“优化驱动器”窗口中，选中系统分区，然后单击“分析”按钮分析系统分区中是否存在磁盘碎片，如图 12-9 所示。

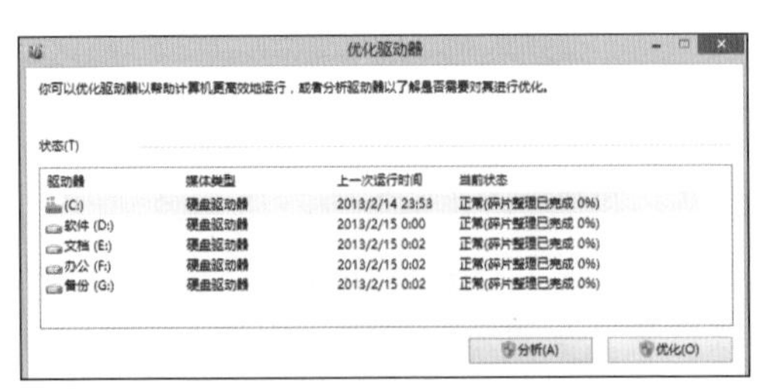

图 12-9 分析是否存在磁盘碎片

（3）分析完毕后可看到系统分区中是否存在磁盘碎片。若有碎片，则单击“优化”按钮开始整理磁盘碎片，优化的过程中可以看到程序正在整理系统分区的磁盘碎片，耐心等待其整理完毕即可，如图 12-10 所示。

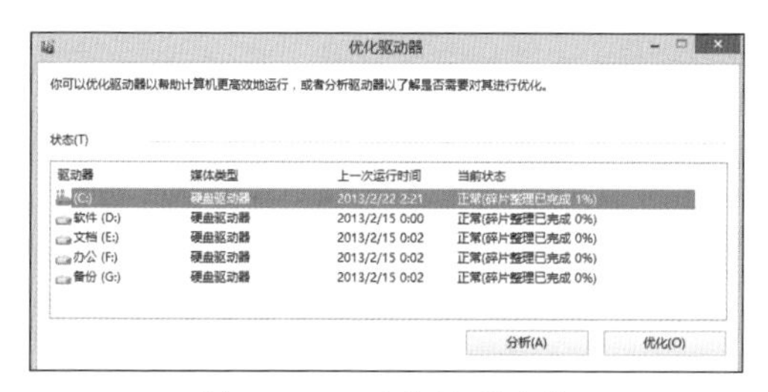

图 12-10　正在整理碎片

12.2　使用 Windows 优化大师软件优化系统

Windows 优化大师是一款功能强大的系统辅助软件，它提供了全面、有效、简便、安全的系统检测、系统优化、系统清理、系统维护四大功能模块及数个附加的工具软件。使用 Windows 优化大师能够有效地帮助用户了解自己的计算机软硬件信息，简化操作系统设置步骤，提高计算机运行效率，清理系统运行时产生的垃圾，修复系统故障及安全漏洞，维护系统的正常运转。

12.2.1　Windows 优化大师软件的功能简介

Windows 优化大师软件主要包括 4 个方面的功能模块。

1. 系统信息检测

Windows 优化大师深入系统底层分析用户计算机，提供详细准确的硬件、软件信息，并根据检测结果向用户提供能使系统性能进一步提高的建议。系统检测模块分为系统信息总览、处理器和 BIOS、视频系统信息、音频系统信息、存储系统信息、网络系统信息、其他外部设备、软件信息检测、系统性能测试九个大类。

2. 系统性能优化

系统性能检测包括磁盘缓存、桌面菜单、文件系统、开机速度、后台服务等，并向用户提供简便的自动优化向导，能够根据检测分析到的用户计算机软、硬件配置信息进行自动优化。所有优化项目均提供恢复功能，用户若对优化结果不满意可以一键恢复。

3. 系统清理功能

系统清理功能包括注册信息清理、磁盘文件清理、软件智能卸载、历史痕迹清理四大模块。

4. 系统性能维护

系统性能维护包括系统磁盘医生、磁盘碎片整理、驱动智能备份、其他设置选项、系统维护日志五大模块。

12.2.2 系统检测

Windows 优化大师软件有系统检测的功能，如 CPU、显卡、声卡等设备的检测。操作步骤为，打开 Windows 优化大师软件后，选择左侧的“系统检测”模块里的“系统信息总览”选项，进入系统信息总览界面，右侧会显示计算机当前的系统和设备信息，如图 12-11 所示。

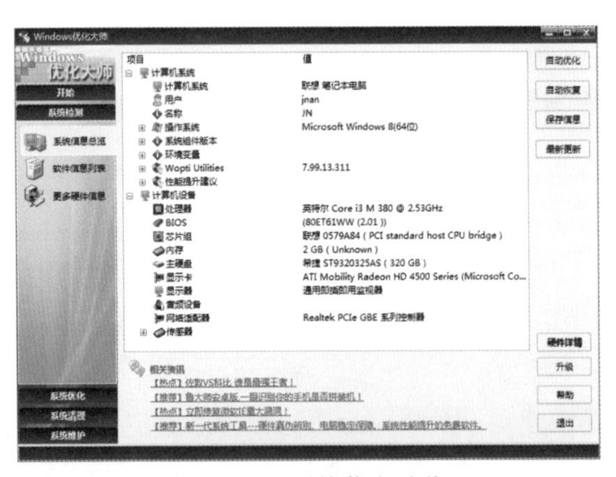

图 12-11 系统信息总览

其中，硬件自动优化的步骤如下。

（1）单击界面右侧的“自动优化”按钮，Windows 优化大师可以帮助计算机系统进行自动优化，如图 12-12 所示。

（2）在弹出的“自动优化向导”对话框中，单击“下一步”按钮，如图 12-13 所示。

（3）在弹出的界面中选择 Internet 的接入方式，勾选所有复选框，单击“下一步”按钮，如图 12-14 所示。

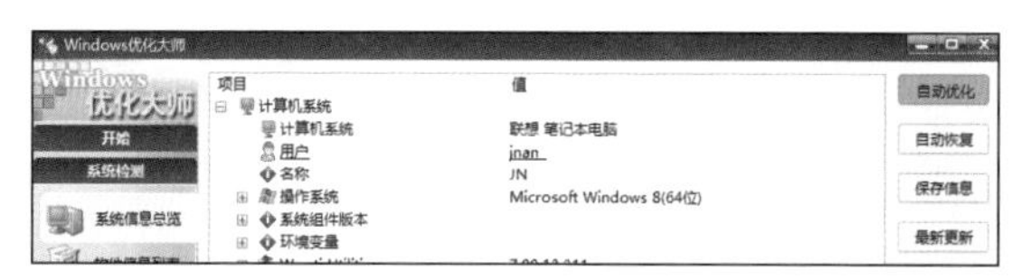

图 12-12　单击“自动优化”按钮

图 12-13　“自动优化向导”对话框

图 12-14　选择 Internet 的接入方式

（4）选择自动分析的内容、IE 的默认搜索引擎和默认首页，单击“下一步”按钮，如图 12-15 所示。

（5）此时，界面中显示出已经选择的优化组合方案，单击“下一步”按钮，如图 12-16 所示。最后单击“确定”按钮，系统将自动优化。

图 12-15　选择自动分析的内容

图 12-16　优化组合方案

12.2.3　系统性能优化

系统性能优化包括磁盘缓存优化、桌面菜单优化、文件系统优化、网络系统优化、开机速度优化等，下面分别进行介绍。

1. 磁盘缓存优化

通过磁盘缓存优化功能，用户可以对内存进行整理。通过设置向导对缓存进行优化，以提高资源的利用效率及系统运行速度。磁盘缓存优化的操作为，进入“系统优化”模块，选择“磁盘缓存优化”选项进入其界面，然后拖动滑块调整磁盘缓存的大小，单击“优化”按钮，很快就可以完成优化，如图 12-17 所示。

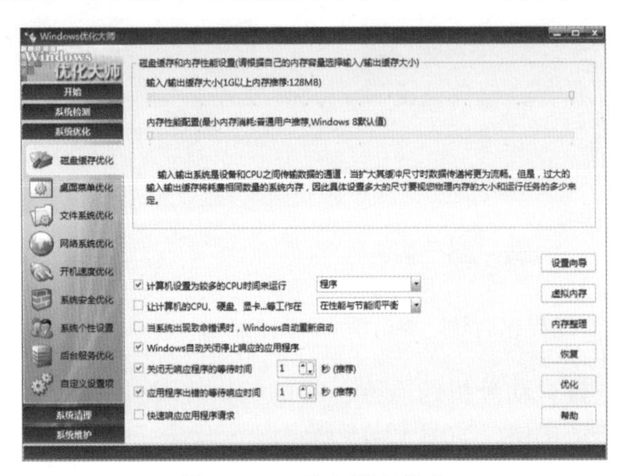

图 12-17　磁盘缓存优化

2. 桌面菜单优化

桌面菜单优化的基本步骤为，选择“桌面菜单优化”选项进入其界面，在其中可调整“开始菜单速度”、“菜单运行速度”和“桌面图标缓存”等，最后单击“优化”按钮，即可对桌面菜单进行优化，如图 12-18 所示。

3. 文件系统优化

文件系统优化的操作如下：选择“文件系统优化”选项进入其界面，建议自动配置“二级数据高级缓存”选项，取消选择“启用用户账户控制（UAC）”复选框，单击“优化”按钮，如图 12-19 所示。

4. 网络系统优化

网络系统优化的操作如下：选择“网络系统优化”选项进入其界面，根据用户实际的网络连接状况，单击“优化”按钮，

Windows 优化大师即可自动对网络系统进行优化，如图 12-20 所示。

图 12-18　桌面菜单优化

图 12-19　文件系统优化

图 12-20　网络系统优化

5. 开机速度优化

开机速度优化的操作如下：选择“开机速度优化”选项进入其界面，首先调整“启动信息停留时间”选项，如果用户安装的是多操作系统，还可以在“默认启动的操作系统”下拉列表框中选择经常使用的操作系统，然后在“请勾选开机时不自动运行的项目”列表框中选择那些较少使用的程序，最后单击“优化”按钮即可，如图 12-21 所示。

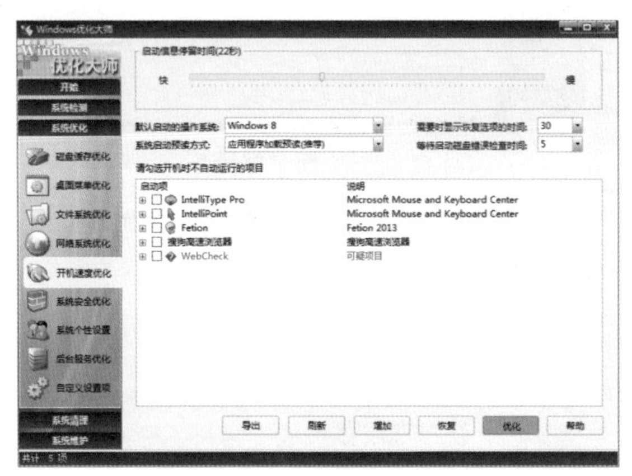

图 12-21　开机速度优化

6. 系统安全优化

系统安全优化的操作如下：选择“系统安全优化”选项进入其界面，选中“分析及处理选项”列表框中的所有选项，用户还可以根据需要隐藏驱动器、禁用注册表等，设置完成后，单击“优化”按钮即可，如图 12-22 所示。

7. 系统个性设置

系统个性设置的操作如下：选择“系统个性设置”选项进入其界面，用户可根据自己的实际操作习惯进行优化设置，如图 12-23 所示。

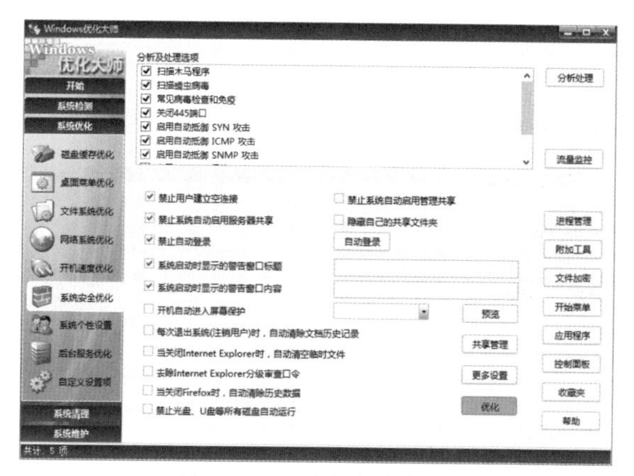

图 12-22　系统安全优化

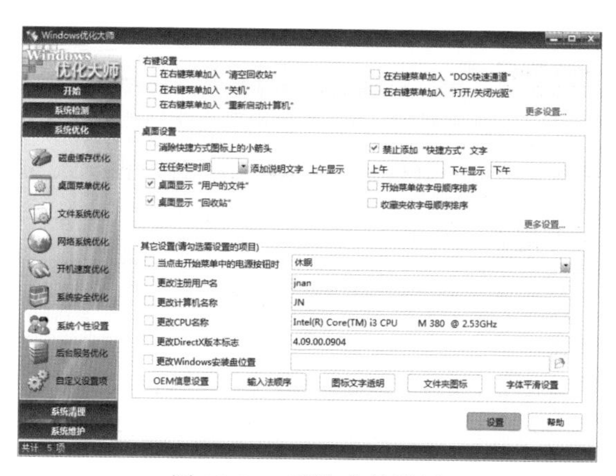

图 12-23　系统个性设置

12.2.4　系统清理

在使用系统的过程中，系统会产生大量的垃圾信息，对于这些信息，优化大师都能清理。

1. 注册信息清理

选择“注册信息清理”选项进入其界面，全部选择扫描项目，然后单击“扫描”按钮，如图 12-24 所示。待扫描完毕后，注册信息就会出现在下面的列表框中。单击“全部删除”按钮即可清理全部注册信息，如图 12-25 所示。注意，注册表在清理之前，最好先备份一下，以备以后恢复之用。

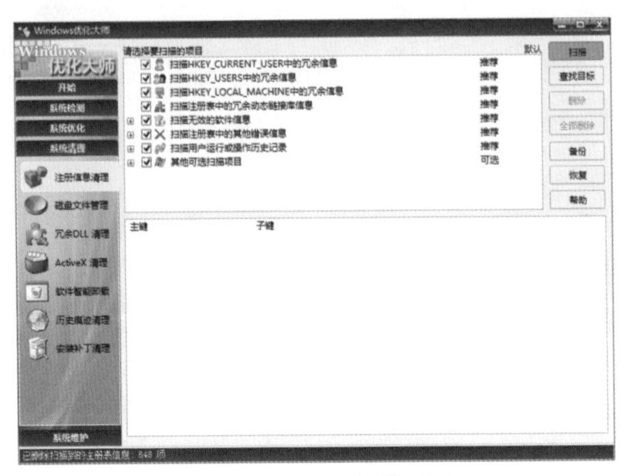

图 12-24　全选扫描项目

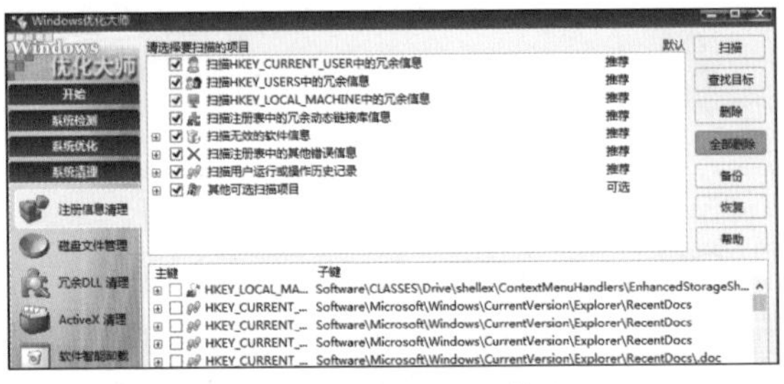

图 12-25　清理注册信息

2. 磁盘文件管理

磁盘文件管理的操作如下：选择“磁盘文件管理”选项进入其界面，如图 12-26 所示。

Windows 优化大师首先将当前硬盘的使用情况用饼状图报告给用户。用户可以在驱动器和目录选择列表中选择要扫描分析的驱动器或目录，然后单击“扫描”按钮，开始分析垃圾文件，每分析到一个垃圾文件，Windows 优化大师就将其添加到分析结果列表中，直到分析结束或被用户终止。用户还可展开“扫描结果”选项卡中的项目，Windows 优化大师将对其中的项目进行进一步说明。待扫描结束后，单击“删除”按钮删除分析结果列表中选中的项目或单击“全部删除”按钮删除分析结果列表中的全部文件即可。

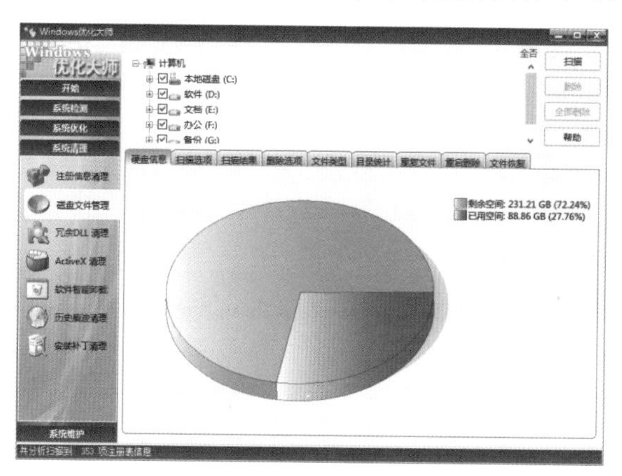

图 12-26　磁盘文件管理界面

3. 软件智能卸载

软件智能卸载的操作如下：选择“软件智能卸载”选项进入其页面，Windows 优化大师在该页面上方的程序列表中向用户提供了 Windows 开始程序菜单中全部的应用程序列表，用户可以在列表中选择要分析的软件。如果要分析的程序没有出现在列表中，用户可以单击“其他”按钮，手动选择要分析的软件。选择好要分析的软件后，单击“分析”按钮，Windows 优化大师就开始智能分析与该软件相关的信息了，如图 12-27 所示。

用户可展开分析结果列表中的项目，Windows 优化大师将对选中的文件、文件夹、注册表、服务等相关信息进行详细说明。分析结束后，Windows 优化大师还可以备份相关的注册表信息和文件信息后进行卸载操作。

“系统清理”模块中其他功能的操作与上述功能基本一致，用户可以举一反三，这里就不一一介绍了。

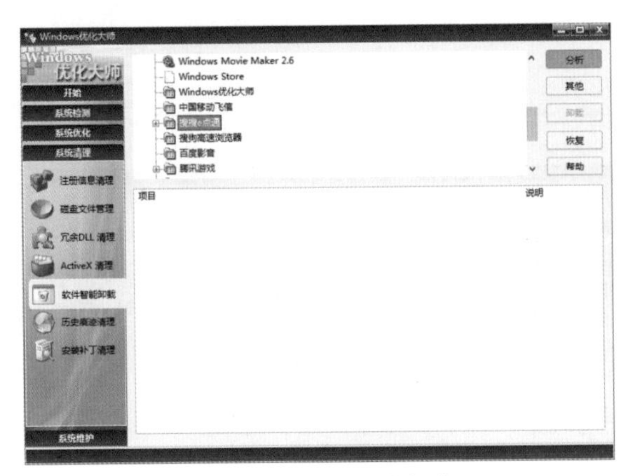

图 12-27　软件智能卸载

12.2.5　系统维护

系统维护包括系统磁盘医生、磁盘碎片整理、驱动智能备份等，其操作方法基本一致。下面以系统磁盘医生为例，介绍具体的操作方法。

选择“系统磁盘医生”选项进入其界面，选择要检查的磁盘，单击“检查”按钮即可，如图 12-28 所示。用户可以一次选择多个磁盘（分区）进行检查，在检查的过程中，用户也可以随时终止检查工作。

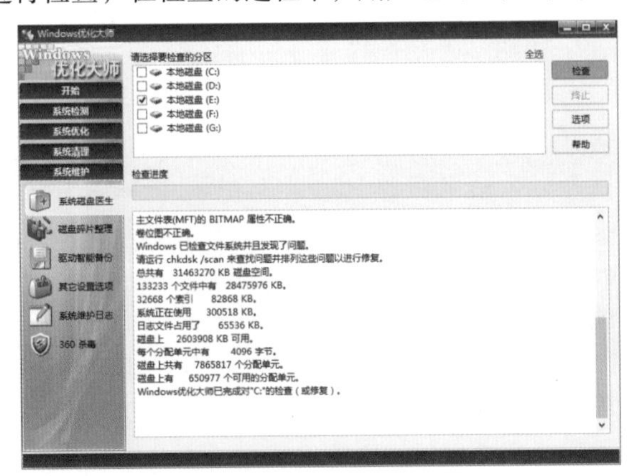

图 12-28　系统磁盘医生

推荐阅读

iPad 2横空出世了！
更薄、更炫、更好玩！
还等什么，现在就来，一起玩转你的iPad 2！
玩转我的
iPad 2
闫丽霞 寇圆圆 孙迪 编著
机械工业出版社
China Machine Press

乐享iPad生活
神马都是浮云
免费
玩爆
iPad 2
尚艺科技 编著
玩iPad2要付费，
如果你会玩，完全可以免费玩！
免费看电子书和在线杂志
不花一分钱看高清视频
免费收听优质音乐
免费玩给力游戏
机械工业出版社
China Machine Press

FaceTime双镜头视频通话免费传情意
Game Center亲朋好友一起玩游戏
iPhone
酷乐志
4
iPhone TW 俱乐部站长 娃娃鱼 著
iPhone
iPod Touch
FaceTime
无限畅聊
机械工业出版社
China Machine Press

玩乐工作·自在生活
iPad
酷乐志
讲解最详细！
照着操作绝对没问题！
机械工业出版社
China Machine Press

推荐阅读

远方的风景——人文风景摄影手册

作者：冉玉杰 ISBN：978-7-111-33855-0 定价：69.80元

数码摄影构图·光影·色彩

作者：张炜 等 ISBN：978-7-111-32687-8 定价：99.00元

Nikon数码单反摄影完全攻略

作者：郑志强 等 ISBN：978-7-111-34276-2 定价：69.80元

Canon数码单反摄影完全攻略

作者：丛霖 等 ISBN：978-7-111-34244-1 定价：69.80元